ORIENS
DE PARIS
AUSTER
FAVONIUS
LE PREAU CLERS
Icy est le vray pourtraict naturel de la ville, cité, vniuersité
& Faubourgz de Paris, ou sont iustement figurées toutes les Rues & Ruelles correspondantes
l'vne à l'autre, ainsi qui sont de present situées, qui sont en nõbre deux cens quatre vingtz &
sept. Pareillement sont figurées toutes les Eglises, & Monasteres, qui sont en nombre cent
quatre. Aussy sont figurez tous les Colleges, qui sont en nõbre quarante neuf. Et pour con-
gnoistre icelles Rues, Ruelles, Eglises, Monasteres & Colleges, vous trouuerez leurs noms
escriptz à chũn sur son propre endroict. Cõme plus amplement vous pouez voir cy dessus.
A Paris, par Oliuier Truschet, & Germain Hoyau, demourans en
la Rue de Montorgueil, au Chef sainct Denys.
U0304013

巴黎

现代城市的发明

HOW PARIS BECAME
PARIS

THE INVENTION
OF THE MODERN CITY

[美国]
若昂·德让
著

赵进生 译

译林出版社

谨此纪念未曾到访巴黎的

范妮·德让·热南（1924—2012），

相信巴黎是她所爱。

致读者

本书始于绘画，它们描绘了巴黎在17世纪落成的重要建筑。本书选取了巴黎早期的一些黑白画作，插入各个章节对正文进行补充。对一些重要的油画，我保留了彩色版本。这些图像生动地表现了17世纪巴黎的面貌，其中既有时人目睹的层出不穷的新发明，也有巴黎人希望展现给外部世界的样貌。

所有引用的一级和二级参考文献均列于本书的末尾。

目　录

引　言
“宇宙之都”

一座城市何以伟大？

17世纪以前，欧洲最负盛名的城市以其悠久的历史著称。游客怀着敬仰之心来到罗马，瞻仰古迹和老教堂。他们没有追求新奇和刺激，而是寻找艺术的灵感，沉迷艺术的世界。到了17世纪，一种新的都市空间和生活模式诞生，并为后世的所有城市效仿。正如现代城市的定义所言，设计一座现代的城市，是以它别样的风采吸引游客的目光。在那时，居住建筑和史无前例的城市设施取代了过去宏伟的宫殿和教堂。无论对巴黎的居民还是前来的游客，城市体验都得到了重塑。现代的城市面向未来，而非过去：速度和变化成为城市的代名词。

很快，许多欧洲人便发现，只有一座城市配得上现代之名。这座城市就是巴黎。

到了17世纪末期，一种新的出版物诞生。这是一类专为徒步探索城市的游客设计的袖珍游客指南和地图，也是当代旅行指南的鼻祖。这类出版物起初向欧洲人介绍巴黎。在这类书的作者看来，巴黎这个地方如此具有革新精神，需要用这样的方式去观察和理解。到了1684年，热尔曼·布里斯（Germain Brice）的作品《巴黎的奇趣景点新指南》成为18世纪50年代之前所有城市旅行指南中最畅销的一本，很快就被翻译成英文版的《巴黎新指南》。[1]

布里斯的书逐一介绍了巴黎的街道以及街区。正如他在“前言”里解释的，“走一趟路，人们能看到许许多多美丽的事物”。布里斯是巴黎本地人，也是资深的专业导游。从他作品的内容结构可以看出，他已经认识到，旅游的群体已不再限于一小群坐着私家马车逐个游览古迹的人，这类人极少留意乏善可陈的城市景观。到了17世纪80年代，一种新的城市基础设施让步行变得更加便捷，而沿途也随处可见美景，城市本身就是一道风景。

布里斯在1698年版的指南中也附送了一种全新的便携赠品。书里有一张折叠的地图，为徒步的游客提供信息。随着巴黎城市的基础设施建设迅猛发展，法国的制图学迎来一个黄金时代。由于17世纪的城市景观一直发生着变化，从未停步，新的地图不断产生。无论是地形图、鸟瞰图，还是特写，每一位地图画师都用自己的方式讲述巴黎的故事。

第一幅地图在1692年由尼古拉斯·德费尔（Nicolas de Fer）设计，针对的群体是逐渐增加的外国游客。当时一份期刊形容该地图尤其适用于“对巴黎一无所知”的游客，今日的游客地图仍然沿用德费尔的结构。地图的左侧用字母顺序列出城市的街道，右侧则是景点，既包括教堂和宫殿，也包括桥梁和路堤。地图是方形的，横向用1到14标号，纵

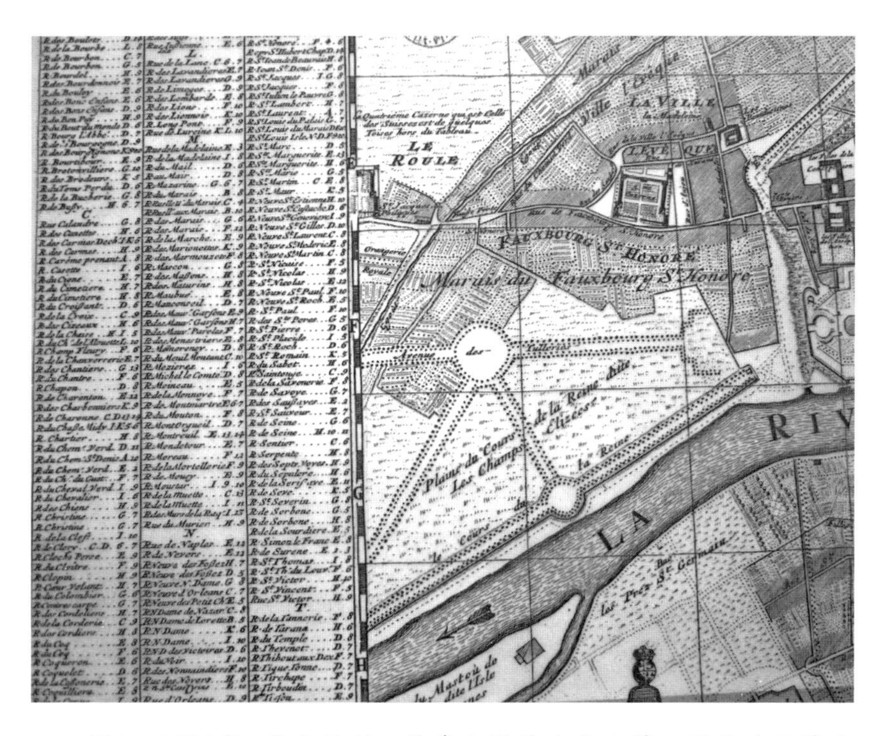

图1　1694年，尼古拉斯·德费尔设计出史上第一张袖珍巴黎地图，帮助游客徒步游览巴黎。本图为当时新建的香榭丽舍大街的平面图。图上，巴黎的街道用数字和字母列出，方便读者迅速从地图上查找

向用字母A到L，均用脚步的距离为单位，“能让每个人一目了然两点之间的距离”。德费尔事实上给徒步游客提供了地图和旅行指南的综合体。到了1694年，他出版了一种小格式的地图（9英寸×12英寸），可直接放入口袋。这种版本的地图如此详细，使得探索当时刚纳入巴黎版图的香榭丽舍大街一带变得十分方便。德费尔的创新拥有怎样的意义，布里斯再明白不过了。因此，布里斯后来决定再次发行1698年版的旅行指南，并且附带了一幅折叠式地图和一张以字母排序的街道列表。

在此之前，关于巴黎的著作也并非罕见，比如雅克·德布罗伊尔在

1612年出版的巴黎古迹著作。不过，这类作品（比如安德烈亚·帕拉迪奥出版于1554年的作品，主要介绍古罗马古迹和中世纪朝圣教堂）主要涉及市政建筑和宗教古迹，它们的目标读者是那些用历史丈量城市的游客。约翰·斯托在1598年出版的《伦敦概况》，以及托马斯·德洛纳在1681年出版的《伦敦现状》，都带有古文物研究的倾向。其中现代伦敦的形象则主要是作为商业中心和金融枢纽。相较之下，关于巴黎的旅游指南，表现的则是一座这样的城市，它充满创新的活力，吸引多样文化，激发着能够革新都市生活的思想。

最近的研究显示，一旦城市获得名声，无论这种名声是喧闹或者宁静，往往在很长一段时间内难以动摇。而这些最初的巴黎旅游指南也能很好地解释，巴黎的城市意象何以矗立于世界伟大城市之林。

为何现代的游客选择到城市旅游？布里斯和德费尔对此看法近似。在布里斯看来，游客不再乐意去考究历史的细节，反而更喜欢带上一本指南，这类书记载了“现代居住建筑的最新趋势，而不是公墓里的（拉丁文）墓志铭译文”。因此，布里斯也像德费尔那样，在书中描绘了那些在17世纪对巴黎城市体验最为关键的建筑，其中既有私家住宅，也有新型的公共设施，譬如大街。

城市用什么吸引游客？布里斯的旅行指南、德费尔的地图，以及其他在17世纪90年代诞生的新型出版物对这个问题作了全新的解答。让我们以尼古拉·德布勒尼（Nicolas de Blégny）在17世纪90年代的作品为例，这也是最早的内行人城市指南。在他的《巴黎城区各地》以及《有用之书》中，德布勒尼放入了前人从未重视的信息，比如如何找到最好的布里干酪，或者高黄油成分的奶油蛋卷；比如宫廷贵族的御用裁缝的姓名，以及“人生大事”的承办人的住址，还有各类奢侈品的购买地。

这些出版物都提到了17世纪诞生的一种新的城市模式。在这种模式中，一座伟大的城市不只是各种建筑的集合，也不仅仅是一座遍地古迹的都城。一座城市之所以值得一游，是因为时下的辉煌和当代的建筑，是因为经济生活、文化生活以及丰富的娱乐活动带来的勃勃生机。游客若想瞻仰古迹，仍会选择罗马，但是追求新鲜感和最前沿事物的，如艺术、建筑、商业、时尚或饮食，则会前去巴黎寻找新的体验。他们用全新的游览方式，手里拿着布里斯的指南走在街道上。比如，英国医生马丁·利斯特（Martin Lister）曾于1698年在巴黎这样做，路易·利热（Louis Liger）在他1714年出版的指南里也曾建议读者作此尝试。游客停留在教堂的时间少了，在咖啡店和公共花园的时间多了；他们在公墓的时间少了，逛商店的时间多了。他们不仅要游览教堂，也想要吃得舒心，穿得称心。

巴黎并非向来具有如此的吸引力。16世纪下半叶的数十载，法国饱受天主教徒和清教徒战争的摧残。对首都在该世纪末的惨状，研究巴黎变迁的历史学家米歇尔·费利比安曾一针见血地指出：“1597年的巴黎失去光彩，破旧不堪，百废待兴。”事实上，17世纪初期的巴黎街道，还能见到野狼出没。

在1597年和1700年之间，这座历经灾难的城市得以重建，面目一新。统治者首次请来了从建筑师到工程师的各行业专家，研究城市的布局。他们采纳了专家们关于城市发展规划的建议。这种协同努力产生了革命性的公共工程，加上容纳这些公共工程融入的环境，带给巴黎科技领先的美名，令其城市规划和现代建筑在欧洲引领潮流。

4

也只有在这些突破性的工程推向更广的受众后，这些项目才得以激励他人以及后世。城市规划刚开始重塑巴黎，甚至连这些公共工程的砂浆尚未晾干，第二次改造便开始了。一座城市顷刻成为传奇，为历史上首次。

整个17世纪，每经历重大的规划，巴黎都能从中获益。这种规划用今天的话来形容，即“品牌再造”。在无数出版物和绘画中，作家和画家们记录了这座城市从废墟到都市的奇迹转变，并且将其刻画成一处旅游胜地，一个大千世界的缩影。戏剧家、小说家、巴黎史学家、指南书作者、画家、制图师和版画家笔下的巴黎，无论是城市自身还是居民，都笼罩在特别的光环下，比任何地方或任何人都更加优雅，更具魅力。一个将持续数个世纪的神话自此诞生。

随后产生的种种巴黎愿景也同时反映了城市现状，以及构想者对都市生活的幻想。许多愿景实则是某种意义上的宣传，其所言并非完全属实，却也提供了非常宝贵的信息，那就是城市的自我感知。当时产生的关于巴黎的文献丰富而繁多，从中即可得知，这座城市如何代言自己。这些书籍和图像也创造了一种新的城市。它们让巴黎人引以为傲，并且产生了社区凝聚力。它们还教会了人们如何使用革命性的公共工程和设施，比如如何漫游公共花园，如何使用街灯，如何搭乘公共交通到达城市的远处。这一系列的作品呈现了巴黎作为现代化重镇的最初构想。

许多巴黎的推崇者开始使用夸张的修辞来表现这座城市激发的热情，如“无与伦比的城市”“世界的缩影”“自成一个世界”“全体人类的故乡”等。环球旅行家弗朗索瓦·贝尔涅里（François Bernier）曾宣称，“所有的原创性思想均起源于巴黎”。剧作家皮埃尔·卡莱·德马里沃（Pierre Carlet de Marivaux）通过笔下的一位人物说过：“巴黎就是世界，其他城市与之相比，顶多算郊区。”而卡拉乔利侯爵（Louis Antoine Caraccioli）这位真正意义上的欧洲人，则形容巴黎是“世界之都”，“世界之城”。[5]

昔日废墟，成为今日神话。

公元987年，巴黎成为法国的首都和君王的官邸所在。然而，接下来的几个世纪里，城市的地位历经波折。这片土地上，先后发生了百年战争（1337—1453）和法国宗教战争（1562—1598）。1415年，法国在阿金库尔战役中战败，国王放弃了巴黎。1436年，查理七世再次从英国人手里夺回法国。然而，整个16世纪里，瓦卢瓦王朝仍然从他们位于卢瓦尔河谷的城堡而非卢浮宫实施统治。1589年，亨利三世遭宗教狂热分子暗杀，瓦卢瓦王朝覆灭。他的继承人亨利四世，也是波旁家族的第一位国王，曾两次武力夺取巴黎，均以失败告终。亨利四世最后通过外交手段夺回了这座饱受数十年战争摧残的都城。1594年他进入巴黎，当时的巴黎面积庞大，是君士坦丁堡以西最大的城市，却也是千疮百孔，城市功能完全丧失了。

然而，亨利四世有着卓越的效率。他颁布《南特赦令》，使得宗教宽容成为基本国策。此外，他还和西班牙人签订了一项条约，到了1598年，他通过上述措施，完成了统治时期的第一个目标：实现和平。随后，他重组了国家的行政机构。在宗教战争中，各省的政府享有高度的自治权。亨利四世开启的新政策使巴黎完全成为法国政府的中心，他之后的路易十三和路易十四也继续实行这些政策。行政功能逐渐集中，法国君主制逐渐变成专制。不过，让巴黎脱胎换骨的，却是亨利四世建设城市的才干。

对这座饱经战争劫难的城市，亨利四世启动了他雄心勃勃的公共工程项目，进行彻底的改头换面。在他1610年遭暗杀前的十多年时间内，他已使巴黎踏上成为“宇宙之都”的康庄大道。

事实上，国王的巴黎规划已然十分宏伟。在1601年3月，巴黎市政府收到通知，说“陛下已经宣布，将尽毕生之力，打造一座绮丽辉煌的都城，使巴黎自成一个世界，成为一个奇迹”。国王很快把自己的想法付诸行动。法国当时的期刊《法国信使》曾写道：“亨利四世成为巴黎的当家后，你可以看到这座城市到处都是建筑工人。”仅仅过了六年，这位国王写信 6 给法国驻梵蒂冈的使者茹瓦厄斯枢机，谈到“关于巴黎建筑的新闻”。他列举了几项最令他骄傲的公共工程，并说：“这个城市的变化将让你吃惊。”

一百年后，尼古拉·德拉马尔（Nicolas Delamare）这位研究巴黎市政管理的历史学家肯定了这位国王的豪言壮语。他认为，亨利四世以前，“似乎从未有人想到过美化巴黎”。每当亨利四世或当时的崇拜者自豪地列举那时的建筑成就时，总会首先提及被称为“法国两大奇迹”的都市工程：其一为新桥，它改变了日后欧洲城市和河流的关系；其二为皇家广场，也就是今天的“孚日广场”，它引领都市公共空间的变革。评论家们往往会强调，“亨利四世在位初期，巴黎是片巨大的荒地，到处是空地、平原以及沼泽，人迹罕至，遑论房屋建筑”。国王将空空如也的土地改造成新的都市景观，创造了新的进程，让城市彻底告别1590年的惨状。甚至，一些外国人和巴黎人时隔几年后回到巴黎时，都会看到“城市的面貌截然不同”。

随着时间的推移，巴黎的面貌日新月异。亨利四世的儿子路易十三，虽没有父亲那般宏大的规划，却也完成了父亲最受瞩目的几大工程，包括圣路易岛。路易十三将大片的“贫瘠之地”改造成巴黎最典雅的社区，也就是我们今天熟知的圣路易岛。自17世纪40年代建成至今，那里很大程度上延续了最初的面貌。路易十三的儿子对城市也有宏伟的计划，是其祖父不折不扣的继承者。

路易十四的宰相[1]让—巴蒂斯特·科尔贝尔（Jean-Baptist Colbert）在1669年亲手写下的两段话很好地说明了这点。第一段话列举了一系列重大的建筑工程，结尾写道：“到处是宏伟壮丽的景象。”第二段则可视为路易十四的绝对命令：“这个王朝绝不止于微小的成就。”

亨利四世时期规划的城市区域和范围，远不如17世纪最后几十年。无论是左岸或是右岸，无论是城市的边缘还是城市的中心，各地建筑（包括标志性的卢浮宫）都历经重建，社区也历经重新设计或者重新规划。1677年创作的版画展现了卢浮宫外观的翻新，也很好地说明了这座城市到处大兴土木的现象。巴黎是一座永远在变动的城市，它急于摆脱自己的过去。当时的人无论朝哪个方向走15分钟，总能遇到造成这种印象的情景。 7

路易十四对这些工程的关注可谓事无巨细。1672年5月，科尔贝尔写信问他，这些细节是否太让他费心，他的回答则十分明确：“我想了解到细枝末节。”

1666年，伦敦遭受严重火灾。火灾过后，查理二世收到一些对灾区进行现代改造的计划。其中，克里斯托弗·雷恩曾提议，大力效仿巴黎的规划模式。然而，由于伦敦的业主担心权益和税收问题，就急忙启动重建了，所有重大变革的想法因此搁浅。在巴黎，占据绝对统 8 治地位的君主和同样坚决的市政当局同心协力，造就了现代史上第一座不通过村庄自然发展扩张成城市的首都。巴黎的外观由直线、直角和斜向辐散的大道组成，这种外观也影响了很多后来的城市，从最先的欧洲，到之后的其他地区。1698年，一位英国游客称：“巴黎的街道

[1] 1661年马萨林去世，科尔贝尔接任宰相职位。——脚注皆为译注，下同。

图2　17世纪的巴黎，到处可见重大建筑项目的工地。塞巴斯蒂安·勒克莱尔的版画描绘了卢浮宫在17世纪70年代的翻新工程

如此的规则和整齐，你甚至觉得仿佛置身一座意大利歌剧院……而非一座城市。”

研究巴黎城市管理史的德拉马尔认为，随后竣工的公共工程项目中，有一项最能代表这种规划思路。1705年，他首次指出：“迄今为止，[9] 每一位对巴黎享有支配权的君主，都在增强巴黎的防御，以抵抗外来入侵。”他解释说，由于路易十四军事上节节胜利，“这座都城对外不再充满戒备，防御工事因此成为摆设”。路易十四下令拆毁了这些防御，并且在原地建成了一条巨型的、沿路种树的步行道。这条道环绕这座城市，成为最早的林荫大道。

自17世纪起，每个欧洲国家的防线都从一座座城市转向国家的边境。这位太阳王也是最早针对这种战争和国防的性质变化采取措施的君主。建筑上，路易十四以开放取代了惧外，使得巴黎成为现代欧洲史上第一座开放的城市，这也是围墙城市迈向现代景观城市的关键一步。

城市的壁垒改造为绿色步行道，这是巴黎当时最大的公共工程项目。这项工程一直持续到18世纪60年代，在路易十四的继任者期间竣工。一些人批评路易十四大笔挥霍，只是为了兴建凡尔赛宫，但这项公共工程的耗费却不在他们的批评范围中。这道路易十四所说的“壁垒”，就像许多将巴黎变为现代城市的规划思路，均由皇室和市政厅共同出资实现。

人们往往主要把市政工程归功于国王和实施规划的大臣。因为没有国王的这些许可，这些项目将无法进一步落实。大臣包括亨利四世时期的马克西米利安·德贝蒂纳、苏利公爵、路易十三时期的阿尔芒·让·迪普莱西、黎塞留枢机，以及路易十四时期的让—巴蒂斯特·科尔贝尔、弗朗索瓦·米歇尔·勒泰利耶、卢瓦侯爵。这些深刻改变城市历史的工程需要市政官员的合作，也需要主要来自巴黎市政厅的资金。

在巴黎现代化的两个最为活跃的时刻，巴黎市长体现了果断而高效的领导手段，并且和国王保持密切的合作关系。这个职位是巴黎商人的总代表或者会长，也是巴黎的一把手。担任商人会长期间，弗朗索瓦·米龙（1604—1609）和克劳德·勒佩勒捷（1668—1676）分别是亨利四世和路易十四最重要的合作伙伴。从1667年起，第三位对巴黎的变化起到关键作用的人物出现了，那就是尼古拉·德拉雷尼（1625—1709）。此人被路易十四任命为巴黎的警察局局长。德拉雷尼的职责 10 范围较广，实质上相当于当今许多大城市的市长。他既要负责街道的照明，又要负责街道的卫生，既要打击犯罪，又要缓解交通问题。这也使得这座城市在迅速现代化的同时，产生了更加现代的政府。

然而，在很多情形下，巴黎城中这些庞大建筑的资金并非来自公共领域。亨利四世接手巴黎时，这座城市的金融体系也像市容一样，千疮百孔，脆弱不堪。没有私人投资者的帮助，他也不可能如此迅速地取得巨大进展，而他的两位继任者也沿袭了他的做法。许多巴黎不同时期的标志性建筑，从孚日广场、圣路易岛，到旺多姆广场，它们的构想来自皇室，亦得益于皇室的支持，但得到实施，却是金融家和地产开发商追逐利益的结果。

在17世纪的许多时期，巴黎一派繁华景象。土地投机既是繁华的象征，也是这繁华背后的驱动。开发商买下一片片荒地，在上面建造了基础设施，并和那些同样有投机心理的建筑师一同建造了房屋。他们总是希望房产能够带来巨额回报。一些人发家了，一些人倾家荡产。

发家者不乏一些平民出身的人。比如，有些人原本是店里的营业员，却用新获的巨额财富买下了原本专属于贵族的财产：比如豪华的马车，还有媲美甚至超越名门望族的庄园。

这些故事也展示了巴黎的另一面。巴黎是一大金融中心，创造了引人注目的新财富。这些人的经历也带给巴黎人新的观念，那就是，金钱可以改变根本的社会结构。来自平民的房地产大亨住在孚日广场、圣路易岛、旺多姆广场等地的核心地段，这也仿佛告诉众人，在巴黎这座因变革而发展的城市里，一个人不再受限于出身。他们完全可以白手起家，重塑自己。在一座现代之城，只要财力足够，便可以成为任何一种角色。

这些极具远见的城市工程也一天天地改变城市的社会结构。在1600年，巴黎很少有场所让经济地位悬殊的人发生接触。但随着17世纪向前推进，巴黎的重塑也给了人们可看和可去之处。随着新景点的不断出现，以及交通变得更加便捷，巴黎人开始走出家门和街区，去体验这座城市的空间和人潮。城市的体验变得更加多元，人们的活动也更加频繁。人们感叹城市日新月异的变化的同时，也会和一些原本可能绝无交集的人擦肩而过。　11

人们描绘17世纪的巴黎，常常会提及这座“人山人海”的城市特有的拥挤人潮。巴黎第一次人口普查是在18世纪末，在此之前，只能估算人口。到了1600年，巴黎大约有22万人口。到了1650年，人口约为45万。现在大多数人都同意一个观点，那就是1700年这座城市大约有55万人口，略多于欧洲的唯一一个对手伦敦，尽管仍不及世界上几座人口最多的城市：君士坦丁堡、江户（东京）以及北京。

但是17世纪末巴黎的人口这个问题，还有更多趣事可挖。当时的许多权威机构都提出了估算值，且全部基于科学的证据，为历史上首次。这些证据包括巴黎最具名望的制图师皮埃尔·巴勒（Pierre Bullet）

的研究结果，这个领域的天才塞巴斯蒂安·勒普雷斯特雷·德·沃邦（Sébastien Le Prestre de Vauban）的统计数据，以及巴黎最早的“市长”德拉雷尼收集的数据。当时最严肃的统计数值，无一例外地远高出今天人们认可的结果，71万（德拉雷尼），72万（沃邦），80万到90万（城市历史学家根据巴勒的数据推算的结果）。

对那些悉心观察的人来说，17、18世纪之交的巴黎人口看上去远比现实要更多。造成这种印象的原因，来自一种巴黎常见的多层建筑。布里斯则形容其在“别的城市罕见，因为那里人人都想要自己的房子”。自1650年起，建筑师、工程师以及城市历史学家便开始注意到巴黎那些四层、五层、六层甚至七层的房子。他们也像布里斯一样强调，“即使这种七层建筑里最狭小的空间也住满了人，而且需求如此大，导致租金居高不下”。因此，布里斯认为，“认真研究这个建筑问题的人，都会得出结论，伦敦虽然面积辽阔，但人口肯定少于巴黎”。

这种推论也常常用来说明，巴黎人口甚至远超欧洲以外的城市。1686年，第一批暹罗大使来到巴黎后表示，“既然巴黎的房子比他们国家的高六倍，那人口肯定也是多六倍”。一位权威的旅行作家弗朗索瓦·贝尔涅里认为，“由于五重巴黎的叠加”，它的人口肯定多于德里。（事实上，两个城市的大小差不多。）

许多认真研究过巴黎人口问题的专家指出，虽然巴黎不断扩张，但人口增长不再来自内部。科尔贝尔和拉耶尼先后于17世纪60年代和80年代通过洗礼、婚姻以及死亡人数进行统计。他们发现，随着时间增长，洗礼的数目几乎等同于死亡的人数。这些收集数据的人认为，巴黎人口之所以继续增长，是因为城市吸引了外省的法国人以及外国人。他们解释说，外省人来巴黎是为寻找机会。对于外国人，则是“出于好奇”或者“寻找乐趣”。

谈论巴黎的发展，人们往往能在一点上看法一致：能引发外国游客好奇的事物不胜枚举。首先，巴黎拥有只有大城市中心才有的宏伟建筑。进入17世纪，巴黎越来越多的地方出现了开创性的建筑。部分新建筑的前身，是该世纪中叶巴黎出现的意大利式穹顶建筑，比如40年代的圣路易—圣保罗教堂，或者60年代的四国学院（也就是今日的法兰西学院），这类美丽的建筑改变了巴黎的天际线。无论在这之前还是之后，巴黎都是这种创新且法式风格鲜明的建筑的中心。

早在1652年，走访了所有欧洲主要首都的建筑家约翰·埃弗兰（John Evelyn）说，“巴黎的建筑无可比拟”。意大利有最好的教堂，但“至于街道……以及普通建筑，巴黎比欧洲任何地方都出色”。埃弗兰的评价也证明，当时的人们已经开始承认，一座城市的伟大有其建筑的功劳。此外，埃弗兰还一针见血地指出，巴黎的建筑从追求豪华气派，转向注重居住和公共服务功能，这种转向越来越成为这座法国首都的主旋律。他还说，过去四十年是这种发展的关键时期。他建议游客留意这座城市迅速变化的建筑景观。

埃弗兰所言极是。在路易十四时期，巴黎出现了一片片新街区。在巴黎右岸，一片巨大的街区沿着黎塞留路拔地而起，最后产生了旺多姆广场；在左岸，一片更大的街区从圣日耳曼德普雷不断延伸，到路易十四末期，已经扩张到了巴黎荣军院附近。每个时期，房产开发商和建筑师都有始有终地协作，保证居住区外观统一，并且保证每一片新的地区（而非仅仅单独的房屋）都能作为一道建筑景观。1671年，路易十四创立了法国皇家建筑学院，在17世纪后几十年有效地帮助了开发商和建筑师。比如，在1674年，这个学院的成员讨论如何规定城市广场的比例，以及规定广场附近房子的高度。到了1711年，巴黎城市历史学家费利比安形容1597年巴黎的“颓败”，又指出，在他的时代，“所有外国人”都认为巴黎“是欧洲最伟大的城市”。

同时，巴黎这座城市的现代技术也深深吸引着外国人。在17世纪下半叶，法国超过了曾在城市设施和技术上处于欧洲领先地位的荷兰。在1653年和1667年间，巴黎连续实现了三个第一：第一个公共邮政系统，第一个公共交通系统，以及第一个街道照明系统，为城市带来了飞速的进步。

到了1667年，巴黎人和游客可以在孚日广场乘上公共马车，把钱交给穿着制服的乘务员，然后坐车到达当地许多景点。如果他们选择在天黑后出行，整个路途中将会有通宵的灯光照亮。这些发明创新足以吸引各地人前来参观。其中巴黎的常住者，乔瓦尼·保罗·马拉纳（Giovanni Paolo Marana）曾在17世纪90年代建议外国人：“无论你来自多远的地方，哪怕只是为了看看巴黎的街灯，都足以促成一次拜访。每个人都必须过来见识一下连希腊人和罗马人都从未想象的一些东西。”

巴黎越来越成为高品质生活的代名词，外国人冲着巴黎的生活品质，前来此地居住。剧院和歌剧并非巴黎独有，但舞蹈却是别处没有的。17世纪60年代和70年代，路易十四在多个学院推行舞蹈，他也成立了第一家国家芭蕾公司。1700年，拉乌尔·弗耶出版的《编舞艺术》是最早创作舞谱系统的尝试。巴黎因此成为新型现代舞蹈的发源地。随着艺术家和文化机构聚集巴黎，巴黎成了文化的帝国，其文化输出到许多国家。

然而，巴黎受众最广的活动是街头散步，后来的人们把这活动和巴黎这个名字联系到一起。

拥有了世界最早的现代街道、最早的现代桥梁，以及最早的城市广场，巴黎具备了步行城市的雏形，人们不再是随意走过，而是有目的地前去寻找乐趣。

到了17世纪末，巴黎到处能见到来自不同社会阶层的行人，包括之前从未亲自步行探索城市的贵族。一位名叫约阿希姆·克里斯托弗·内梅兹（Joachim Christoph Nemeitz）的外国观察家指出，除了下雨天，任何时候、任何地方，都能在路上遇见贵族。上流社会的女性经常走在街头，不穿戴任何防护，而是穿着最精致时髦的穆勒鞋[1]，令外国人惊叹不已。人们之所以能享受步行，是因为在巴黎，越来越多的道路铺设了大卵石。油亮亮的大卵石令前来巴黎的外国游客赞叹不绝。这些卵石赋予巴黎现代的外貌，并且本质上改变了巴黎街道的情调，带给行人一种既新奇又现代的足下体验。

14

1777年，敏锐的欧洲生活观察家卡拉乔利侯爵，称赞17世纪的巴黎人重写了城市步行的历史。“在1600年，”他解释道，“欧洲的上层社会并不了解步行的趣味，也许是因为他们不想和普通人走在同一条街上，从而降低自己的格调。”但是，到了17世纪末，“巴黎人的方式……让他们大开眼界，他们开始走下马车，用双脚走路”。许多描述都可证明，巴黎在17世纪的公共工程还教会了市民和城市进行互动的其他方式。

巴黎的新都市文化最显眼之处，莫过于现代巴黎的首座标志性建筑：新桥。随着新桥在1606年进入公众视野，它吸引的游客数不断地打破纪录。人们从桥上望着塞纳河风光，而这种体验自此成为巴黎旅游的精髓。

1600年，塞纳河是巴黎的商业运输航道，输送着进入巴黎城的沉重货物。很少人发现这条河的美妙。原因很简单，当时几乎无法一眼望到绵延的河流，河堤还未开发，房子就已依河而建。大多数桥梁两侧都是房屋，

[1] 一种高跟的皮质凉拖鞋。

过桥的时候，远处的视线受阻。然而，新桥不同于佛罗伦萨的维琪奥桥和伦敦的伦敦桥，其周围没有房屋。事实上，桥上面有小型的露台，造型类似剧院的包厢，能吸引过桥的人们停下来，倚在桥边，欣赏河面的景色。

留心每一张新桥的绘画便可发现，露台上到处是被巴黎的新景观体验吸引过来的观众（参见彩色插图）。从1606年起，这种景观不断地 15 丰富。许多最新、最美的建筑都沿塞纳河而建，使得巴黎成为第一座用河流展示现代建筑面貌的欧洲首都。河岸对美丽而统一的城市天际线的塑造作用，也在这座首都最早得到体现。

另一种全新的、令外国人无法抵抗的体验，也是源于巴黎的步行文化。由于巴黎上层社会人士开始出现在巴黎的每个角落，用步行替代了马车，大众也首次有机会观察他们的衣着打扮。由此产生的人的景观也在质量上无可匹敌。旅行指南作家内梅兹告诉读者，巴黎的公共花园能带给他们一种独特的体验："那里聚集着不同年龄和阶层的男男女女"；"王公贵族从你身边经过，你可以仔细打量他们"并且研究"最佳着装以及最新流行趋势"。在此三十五年前，一位研究巴黎的历史学家已经注意到，巴黎的花园里到处是外国人，因为巴黎人"比欧洲其他地方的人更讲究穿着"，游客在花园里"可以了解最新的样式"。这些17世纪的评论家因此指出，巴黎成为欧洲的理想旅游胜地，最核心的因素是巴黎高级时尚的首都地位。

专为外国游客写的旅游指南也强调了巴黎值得一游的另一个重要原因。在巴黎，不仅能见到欧洲穿着最为考究的人，也可以把自己变成那样的人。有位作家曾说，这个过程轻而易举，因为"这里你能看到数以千计的奢侈品"。所以，"等你回到家门后，你已经实现了华丽的转身"。

法国向来生产诸如优质纺织品之类的奢侈品。然而，在路易十四以前，法国的工艺人一直活在他们在欧洲的头号对手意大利人的阴影之下。到了17世纪60年代和70年代，科尔贝尔决定，实行优惠的行业规定和进口税制度，帮助法国在这个高收入、高利润产业达到绝对的欧洲第一。于是，到了17世纪末，欧洲的精英只钟情于法国裁缝、法国鞋匠、法国珠宝匠以及法国调香师制作的产品。

法式精品店也成了一种独特的体验，这些当今高级精品店的鼻祖，比当时任何一地的都要讲究，以至于有位游客称其为“商店之精华”。商品摆设在典雅的橱架上，令顾客赏心悦目。在这些最早的橱窗里，一些精品专门用玻璃盒子装着，吸引过路行人。1698年，英国医生马丁·利斯特和新上任的英国大使前来巴黎时，曾赞叹这些商品带给这些“精心装饰”的商店一种“不同一般的感觉”。 16

到了晚上，橱窗里摆满的灯饰，正如内梅兹所言，“点亮了外面的街道”。晚上的街道被这座城市“一家家美妙的咖啡馆”照亮：另一本旅游指南则形容“店里的灯光如此明亮”，经过一面面巨大镜子的反射，“使得街头更加明亮”。店里的灯光和新式的街灯一起创造了内梅兹所认为的都市现代化的巅峰：晚间购物。内梅兹向他的读者写道，巴黎的许多商店直到10点，甚至11点才关门，“以至于这里到了夜晚，你也会看到像白天一样的人来人往”。

在一些人看来，巴黎城市中显眼的奢侈品文化似乎有些过度。有本旅游指南曾告诫读者“巴黎什么都贵”，“琳琅满目的商店让你丧失判断能力”，让你“最后带着你本不需要的东西回家”。利斯特曾说，“奢侈品就像一个漩涡，把人们卷入它的中心”。路易十四本人表示“不理解为什么许多丈夫会疯狂到此种地步，以致他们妻子的‘华丽服装’能毁掉他们的生活”。另一个人，圣西门公爵，则是对国王原话进一步补充，“国王应该还要加一句，因为他们自己也是全身上下穿着讲究”。然而，诸如此类的警告却没有产生任何作用。巴黎继续成为见证时尚，以及消费所有时尚商品的唯一去处。

这种漫步在街道的体验很快就随着城市现代化的步伐进入文学作品。在新桥和皇家广场成为城市景观之后，法国喜剧首次将场景放在具体的地点，而不是平常的巴黎街头。剧中的主人公开始提到这些崭新的景观。他们的言行举止也被城市新型的设施和工程重塑。

最早关于巴黎的文学作品让读者注意到新的穿越巴黎的方式。速度已经是城市体验的一个标记。人物匆匆穿过街道，步伐如此之快，不是有事要做就是有地方要去。比如，1643年上映的皮埃尔·科尔内耶（Pierre Corneille）喜剧里曾出现这样一幕：一个人为了走遍巴黎，行走的步伐如此之快，以至于同行的父母不停抱怨“上气不接下气，浑身难受”。

17 这座已变身建筑之都、科技之都、文化之都和奢侈品之都的城市，同时也成了一座步履匆匆的城市。这一点，居住在巴黎的外国人也有观察。一位德国人在为他的同胞创作的旅行书中曾说，巴黎人比其他欧洲人“更有活力和精力”，就如他们的城市般“来去匆匆”，而西西里人马拉纳则形容巴黎人“无论昼夜，都在不停地忙碌”。

早先的巴黎城市指南认识到，就像巴黎人一样，现代的游客也是行程满满，总希望能充分利用他们逗留巴黎的时间。布里斯认为每一次游览不仅仅是一次简单的漫步，而且是一次“疾行”，就像当时的字典里解释的：“快步行走的动作。”

在巴黎人穿过街道的速度和这座城市创造的新事物之间，一种关联也得以形成。这也说明，这些快步行走的巴黎人和游客，其步调也和城市的步调一致，他们倾听着街道和城市的脉搏。居住在这座被公认是欧洲文化中心的城市，他们对城市也有更高的期望。

今天，有一个人常被视作一手打造了巴黎现代化景观以及其诸多标志性特征，此人就是乔治—欧仁·奥斯曼（George Eugéne Haussmann）男爵。有些人把巴黎进入现代化的全部功劳都记在奥斯曼身上，而这些人通常会说，19世纪中叶的巴黎，还未摆脱中世纪城市的模样。

诚然，19世纪中叶，在奥斯曼理念的指导下，巴黎在重塑的进程中用林荫大道取代了一些中世纪的街道，奥斯曼基于直线和几何学精度的设计也确实重塑了城市的部分区域。虽然，大兴土木的这两个时期，第二次才真正将巴黎塑造成我们今天所知的巴黎。但是，那些把奥斯曼视作唯一功臣的人没有看到，这个和奥斯曼的名字联系在一起的城市愿景，其实在两个世纪前便已成为巴黎的特色。很大程度上，奥斯曼是在沿袭17世纪重塑巴黎的人留下的模板。

在奥斯曼启动工程之前，巴黎在17、18世纪之间增加的大量工程已不再是中世纪的风格。这些地区的现代特征已经十分明显，出现了早期的林荫大道、横平竖直的大街，以及专门为了连接城市与外围、方便穿越巴黎的街道。比如，当奥斯曼铲平西岱岛上的大部分建筑时，他放过了邻近的圣路易岛。早在17世纪，圣路易岛上便已出现街道网格规划和居民楼，并且完全达到了19世纪的标准。

18

同样的，百货店、公共马车、咖啡文化以及璀璨街灯等在19世纪的林荫大道得到发展的现象，这些被视为巴黎特色体验的事物，也早在17世纪最后十年，在巴黎第一批环城林荫大道建成后不久，便已进入巴黎人和游客的视野。那时，数十年的规划给这座城市带来的变化快于任何一个时期。巴黎已经成为克劳德·莫奈在1859年形容的，一处“令人眩晕”的地方，一阵诱惑的“旋风”,“让我彻底忘记基本的义务”。

仅仅在一个世纪里，巴黎被重塑成一个“宏伟”的地方，同时也因为街灯、林荫大道、橱窗、塞纳河的浪漫，以及快节奏的步行生活而成为新的“世界奇迹”。与此同时，一种更为隐蔽的概念也诞生了：“巴黎”成为为数不多的代表真正的神秘的词语，拥有独特的氛围，笼罩在魅力的光辉之下。

1734年，普鲁士贵族卡尔·路德维奇·冯·波尔尼兹成为第一位指出“巴黎”这个词汇最新含义的人。他说，“描述巴黎可谓多此一举”，“多数人即使从未去过，也知道那是怎样一个地方”。

一百多年后，古斯塔夫·福楼拜笔下的艾玛·包法利，更好地验证了这一点。这位文学主人公如此相信梦想：“巴黎是怎样的？无法衡量的名声！她低声重复着‘巴黎’，只是因为重复让她自得其乐；这个声音就像教堂的钟声回荡在她耳边；就像眼前的一束光芒。”

1900年，西格蒙德·弗洛伊德提到，早在踏足巴黎之前，他就被巴黎的魅力深深吸引。他说：“巴黎许多年来都是我的向往，踏在这座城市的路面上，带给我的幸福感让我觉得，我的其他欲望也会得到满足。”对这个让现代世界看到梦的力量的人来说，“巴黎”是最终的幻想。

巴黎之后便成为一座梦想的工厂，一座能够激励幻想的城市，一座总是能够兑现它所带来的期望的城市。[19]

巴黎因此成为现代最具代表性、最商业化的城市。“我们离不开巴黎”，因为巴黎就在我们左右，柔光下的桥梁、咖啡厅、林荫大道和石板路、巨大的建筑，还有经典的石灰岩建筑表面。我们常在杂志、电视或者电脑屏幕上看到巴黎的浪漫，这种浪漫被用来推销美食和高级时装，甚至浪漫的爱情本身（从订婚戒指到婚后的蜜月旅行）。

本书为你展开巴黎的创造过程，既有建筑上的，也有概念上的。本书讲述的，正是巴黎何以成为巴黎的建城史。[20]

第一章
走向现代的起点：新桥

巴黎的创新始于一座桥。

今天，人们只要瞥一眼埃菲尔铁塔的形象，就会瞬间联想到巴黎。能最直接地代表这座灯火之城的，正是巴黎的埃菲尔铁塔。然而，这座铁塔直到1889年才建成。在17世纪，一座桥梁扮演了埃菲尔铁塔今天的角色，这座桥就是新桥。亨利四世刚征服这座首都之后，打算建造新桥来笼络民心，而新桥也圆满实现了他的心愿。历史上第一次，一座城市被一项新型的都市工程（而不是主教堂或者宫殿）所定义。巴黎人，无论贫富，都很快接受了新桥。他们将这座桥视为巴黎的象征，以及巴黎最重要的景点。

艺术家们很快就开始为这座新的标志性建筑创作形象（参见彩色插图）。几乎所有的画面都是热热闹闹、熙熙攘攘，形形色色的人以及各种各样的活动充满着画面。艺术家作品中的都市生活是丰富多彩而又从不停歇的，有时候充满了躁动不安。只要看一眼这些作品，就能大致了解巴黎的发展动向。

新桥也是现代城市史上第一座里程碑式的建筑，因为它与以往的桥梁截然不同。新桥不是木桥，而是一座石桥；这座桥能防火，注定要历经时间的考验。事实上，这座桥是巴黎最古老的桥梁。新桥还是塞纳河上的第一座单跨桥。它的长度也不同寻常，约为160突阿斯[1]，等同于1 000英尺。它的宽度也不同寻常，约12突阿斯，等同于75英尺，比任何一条城市街道还宽阔。

新桥也是第一座两侧没有房屋的城市大桥。任何走上新桥的人都能看到桥两侧的景色。无论巴黎人还是游客，都能站在约75英尺宽的观景台上，慢慢爱上河边的风光。

在新桥两侧原本用来建房的位置，特意为行人开辟了区域。这里是垫高的，便于阻挡车辆和马车进入。今天我们称之为“人行道”。自罗马道之后，西方世界就再也没见识过这种道路，西方城市更是对其闻所未闻。此外，新桥是第一座全部铺上卵石的桥梁，而不久以后巴黎的所有街道也将如此。也不难理解，历史上首次，行人会觉得自己仿佛是这条河的主宰。

事实证明，这座桥对整个巴黎的交通发挥了关键的作用。新桥出现之前，对那些不够富有的人来说，好不容易从左岸到达卢浮宫，便已经算行程圆满了。没钱坐渡船过河的，必须穿过两座桥，前后还得走一段长长的路。新桥扮演了重要的角色，让右岸彻底融入巴黎的版图：1600年，右岸的唯一景点是卢浮宫，但到了该世纪末，右岸展示着重要

[1] toise，长度单位，约等于1.95米。

的居住建筑和都市工程，从皇家广场到香榭丽舍大街。此外，17世纪任何一个重大事件不是发生在新桥，就是首先在新桥成为话题。甚至在新桥竣工近两个世纪后，作家路易·塞巴斯蒂恩·梅西埃仍然认为新桥是“城市的心脏”。

新桥为欧洲的桥梁奠定了新标准。作为这座城市的首个现代公共工程，新桥也对巴黎人的日常生活产生了直接而深刻的影响。它让巴黎人见识了现代的街道生活，并且改变了他们与塞纳河的关系。新桥不仅仅是一座桥，也是巴黎成为现代巴黎的起点，更是城市的发展潜力得以展示的地点。

这座横跨塞纳河的新桥梁始建于亨利三世时期。亨利三世是亨利四世的前任，也是瓦卢瓦王朝的最后一位国王。1578年5月，亨利三世为新桥奠基。早期的工程规划不同于后来的新桥，其差别主要是桥两侧有成排的商店和房屋。1587年，河面的建设刚刚开始，宗教战争便扰乱了巴黎人的生活。城市陷入混乱，桥梁工程因此搁置了十多年。

1598年4月，亨利四世签署了《南特敕令》，正式结束了宗教战争。22 一个月前，这位新国王便以书面形式宣布建成大桥的计划。亨利三世并没有给这项工程提供一个说法。他的继任者则鲜明地提出了明确的目标。他认为，这座桥将会为巴黎人带来“便利”，尤其有利于巴黎的商业发展。他还认为，这是城市基础设施必将经历的现代化过程。在国王看来，当时相对新颖的圣母院桥已属过时，而且“太过狭窄”，无法满足迅速增长的跨河交通需求——新型马车已经在和骑马的人或行人争抢空间。（事实上，当时所有的桥梁都禁止高负载的马车。）

国王提到的圣母院桥于1510年竣工，是一座中世纪风格的桥梁，由桥边的房屋和商店的业主出资建设。而周围没有房屋的新桥则是用一种全新的方式出资建造的：国王从进入巴黎的每一桶红酒中收税。因此，城市历史学家亨利·索韦尔（Henri Sauval）曾于17世纪60年代写道，“富人和酒鬼”为这项新工程买单。

到了1603年6月，桥梁临近竣工，至少足以让向来缺乏耐心的亨利四世决定向公众炫耀这项新工程。一些人已经开始从桥上过河，结果所有人都摔到河里去了。然而，当时有个人引用亨利四世的话解释说，“因为他们都不是国王”。亨利四世在桩上面放了木板，时人形容这结构“仍然摇晃”。他以国王的步态，第一个成功跨桥，甚至成功返回到卢浮宫吃晚餐。

这些桥梁规划的文件中并没有提到桥的名称。直到1578年5月，在打桩前第五天，这座桥才有了这个“新桥”的名称。即使在竣工后多年，官方文件仍然称之为“在建桥梁”或者“新的桥梁”。

事实也如此。新桥是巴黎第五座桥，也是近一百年来第一座。相较之下，在1750年威斯敏斯特桥竣工前，伦敦桥一直是伦敦泰晤士河上唯一的桥梁。伦敦桥是典型的中世纪桥梁，因为两岸的房屋和商店的缘故而显得幽暗，同时又十分狭窄（最宽的部分20尺，最窄的部分12尺）。巴黎的新桥则是明确表明，要将宗教冲突抛之脑后，踏步进入新的时代。更重要的，进入科技现代化。

新桥体现了先进的工程技术，一系列不同工程同时发挥作用使其显得更加伟大，而每一项工程都是由不同的专家完成。其中，建筑师安巴蒂斯特·德鲁埃·迪塞尔索在设计方面功劳最大，而纪尧姆·马尔尚在施工方面的贡献最大。不过，总的说来，新桥绝非一人之力。

23

在新桥以前，尚未有桥梁考虑过承载量的问题，而也是从1600年

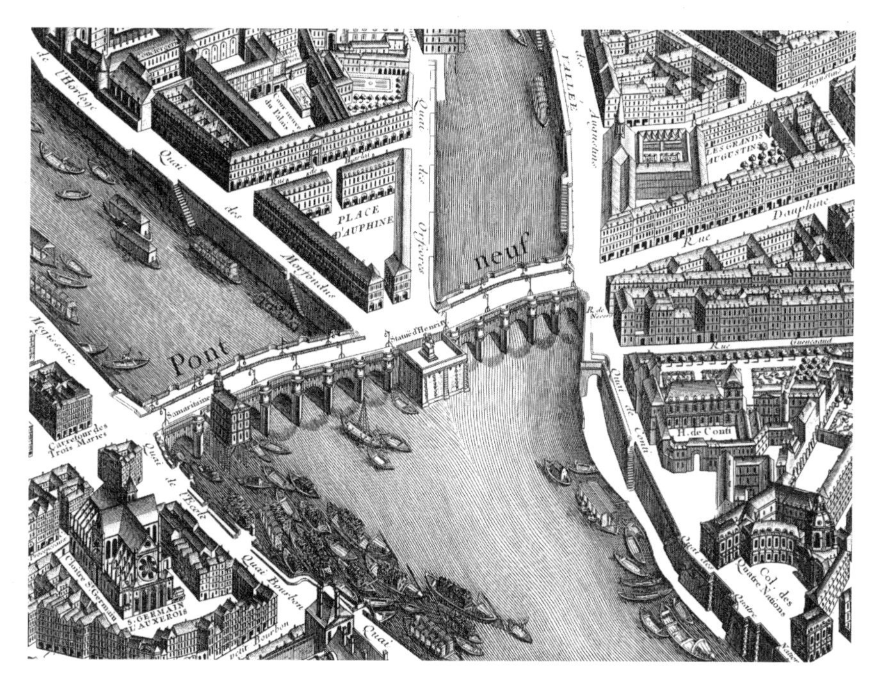

图2　1734年的布勒泰和杜尔哥地图显示了一个世纪城市规划的结果：在17世纪以前巴黎从未想象过的桥梁和街道

利四世的儿子，即年轻的路易十三，公然和摄政的皇后母亲产生矛盾。

这座雄伟的雕像也许能够告诉巴黎人，多亏了亨利四世的伟大构想，巴黎在17世纪的头十年飞速进入新时代。巴黎人很快把这处新的景观变成约见的地点。他们发明了一系列表达法，比如“在国王铜像下会面吧”，或者“我在铜马下面等你”。今天的人之所以了解这些故事，了解这座铜像如何唤起当时市民的自豪感，是因为国王的铜像当时已经广泛出现在各类印刷品中。早在1614年，一些轻便、平价的书本便开始用这尊铜像吸引读者。这些书宣称，巴黎也像很多古迹遍地的城市一样拥有一尊骑马铜像，也正取代那些城市成为“天底下最著名的城市”。

巴黎人对这座桥的热情也能解释，为什么新桥是少有的真正塑造都市生活的公共工程。无论何种经济地位的巴黎人都能走出家门，来到新桥上，开始享受被宗教战争中断数十载的平静。新桥也是巴黎第一片真正意义上的公共娱乐空间。因为不收费，任何人都能随意进出。26 任何人都能看到，王公贵族们突破正统的束缚，在桥上纵情欢乐。到了1610年2月，16岁的旺多姆公爵（亨利四世私生子）也在桥上，和人“玩雪球大战”。

对位于社会阶层的另一端的人来说，新桥桥基下面的公共沐浴开始流行，即便贫困的巴黎人，也可借此躲避夏日的炎热。在新桥竣工后不久，晒日光浴和沐浴的人都在桥下聚集，任何人走在新桥上都可看到。随后，沐浴船开始在此地停泊，隔开男性和女性，这项活动变得越来越有组织性。

弗朗索瓦·科勒泰的期刊《日报》也记载了1676年热浪发生时，这类船只发挥的作用。1716年的夏日漫长而炎热，许多裸身男性闯入女性更衣室，之后便有裸身的日光浴者“出没在新桥的河岸，一丝不挂地躺着或者走动”，以至于当局不得不出动警察进行制止。当时，还有禁令，“严禁男性裸身逗留在新桥附近的沙滩”。然而，那时候很多男性已经把桥附近的河岸当作裸体沙滩，并且持续了数十年，正如下一页的17世纪中期绘画（图3）所显示。

由于贵族和贫民都从新桥穿过，巴黎因此获得了其他欧洲首都在几十年之后才出现的体验，那就是陌生人之间的近距离接触，尤其是来 27 自不同社会阶层的人的接触。

许许多多17世纪描绘新桥的油画都表达了这种反常的、不同社会阶层间的融合。比如，下一页17世纪60年代的作品（图4）中，两位贵族正悠闲地在桥上散步，身边是布尔乔亚（贵族身后的妇女以及马上的男

图3　17世纪，新桥下面通常是男人裸身享受日光浴和游泳的场所

图4　在新桥上走动的既有贵族，也有平民百姓。本图的贵妇人专门有一位听差为她提着裙裾，方便她走动

图5　新桥是个平等的社交场所。男人、女人，各个阶层的人（甚至是那些聚集在亨利四世雕像周围的贫民）每天都会在这里密切接触

子)，而街上还有平民小贩。(俯身的男子正在卖苹果，而身旁女子的篮里面则装着栗子。当时栗子是新桥小贩特有的，闻名欧洲。) 在这些散步的贵族后面是挤在一起的平民百姓，在雕像下面藏身的是乞丐。此外，贵族也和普通市民一样徒步过桥。新桥是社会平衡器，桥上人皆平等。

这一切，当时的评论家都看在眼里。他们知道，这种由不同阶层组成的人群既是一种景观，也是民众自豪感的来源。1652年，巴黎作家克劳德·路易·贝尔托（Claude Louis Berthod）告诉他外省的朋友，他并不28想没完没了地逐一介绍巴黎的景点，而是想要带给他们一个真正的巴黎，“一个不是充满奇观，而是充满混乱和躁动的地方”。他从描述新桥开始，以及这座桥作为社会平衡器的作用。布里斯在1684年的城市旅游指南中曾写道，游客一直惊讶于桥上的“匆忙和拥挤”，并且“能看到29不同阶层和打扮的人”。他认为，“这让人们看到巴黎的伟大和美妙”。

其中一大特色，桥上的步行道，便是游客认为巴黎“美妙”的原因。新桥上的步行道是现代社会上最早出现的步行道，也是最早启发欧洲人分离人流和车流的发明。许多游客指南的作者认识到，许多游客平生还没有这种体验，便告诉这些读者，这些步行道是“专门为行人准备的”。比如克劳德·德瓦雷纳就在他1639年的作品中如此说明。1719年，在巴黎的介绍中，内梅兹就把步行道称为“新的便利设施”、外国游客眼中的新鲜事物。（到了1781年，在参考了伦敦1762年的《威斯敏斯特铺路法案》后，奥岱翁街才增设步行道，为巴黎街道上最早的步行道。）

之后几十年里，如何称呼这种便利设施，人们尚无一致意见。最早的术语是banquette，原先是用于形容要塞上用于射击的防御性壁架。但一些人建议用levées，也就是堤坝，还有一些人建议用allées（走道）。今天所使用的trottoir（人行便道），其实一直到1704年才出现。

此外，如何命名走在这些banquettes上的人，也成了一大问题。官方文件上显示，这些步行的人被称为gens de pied，字面意义就是“步行者”，也是一个形容步兵的军事术语。到了17世纪90年代，法语词典上出现了一个新的词汇piéton，意为行人。早期的piéton也含有对路面铺设糟糕或者马车疾行的抱怨之意。从走道产生之日起，城市的行人便开始在这个过度拥挤的场所争抢空间。

事实上，新桥刚建好，巴黎城内的各类马车便迅猛增加。新桥的中心位置和规模也使得许多交通工具选择从此处穿过。很快，这里成了交通堵塞这种现代城市顽疾的一大代表性地点。

有一幅创作于1700年左右的绘画，是对交通堵塞最早的描绘，这幅作品有两个标题：《新桥》，以及《巴黎的困惑》。在17世纪尤其是该世纪末，embarras这个在当时主要形容“尴尬”或者“困惑”的词语也获得了新的含义：“街道上各类车和人互相堵住各方前进道路的情形。”一种新的都市“困惑”由此产生。

17世纪游览巴黎的外国游客总能发现这里特有的“喧闹”和“永不停歇的骚动”。其中，那些自认为“周游欧洲各国”的人则声称，巴黎在这方面无可匹敌。（其中一位环球旅行者则说，巴黎的对手是北京——当时世界上最拥挤的城市。）他们反复强调，马车数量在巴黎不断增长，导致街道拥堵。马车不但制造了巨大的噪音，让人们无法判断车辆是否靠近，也使人们“时时刻刻活在恐惧中”，生怕被飞速驶过的马车“碾压”。一个擅长过街的人如此形容：“在巴黎，你必须长八只眼睛。”而游客们指出，新桥则是巴黎最热闹的地方，“不舍昼夜，永无停歇”。

这些游客并非无中生有。在17世纪下半叶，马车逐渐普及。巴黎的第一辆马车出现在1550年左右。（历史学家索韦尔称，这辆车并不是国王的，也不是王公贵族的，而是来自一位富有的药剂师之妻。）很长一段时间里，马车为极少数人专有。在新桥竣工那阵，巴黎整座城市的马车不超过十辆，就连国王本人也只有一辆。然而，在1700年，布里斯新出版的旅行指南指出，马车的数量已经达到两万辆。巴黎在17世纪

图6　新桥是第一座为行人留出空间的桥，桥上的步行道不间断，并且高出路面，防止马车进入

下半叶新增了许多街道；而一些旧有的道路则得到拓宽和延长；城市的总路面面积增加了。然而，这一切努力并没有抵消车辆交通的剧增效应。

巴黎建造城市的第一条主干道，其目的明显是为了预防交通问题，结果反造成过度拥挤，这当然自相矛盾。但是，细看一下对这座桥的描述，便可知道其中原因。这些升高的路面到了桥中间部分遇上雕像便中断。为了穿过大桥，行人不得不向下走几步，通过桥中间，然后步行往上走（这些抬升的路面于1775年拆除）。中间部分75英尺宽，并且视野十分开阔，这种公共空间很少为人所知。似乎不只是行人，而是所有人，都想要享受这里的风光，与此同时也造成这种彻底的无序状态。 31

这座桥起初的设计是多车道的，足以并列通过四辆马车。然而，四轮马车却不得不和轿子、二轮马车、马匹等抢占车道；在当时，为各类车辆分配空间的规则尚未出现。在下一页图片的前景部分出现了交通堵塞，能看到一个抬水的人肩上的水桶占了很大空间。一位牧民带着他 32

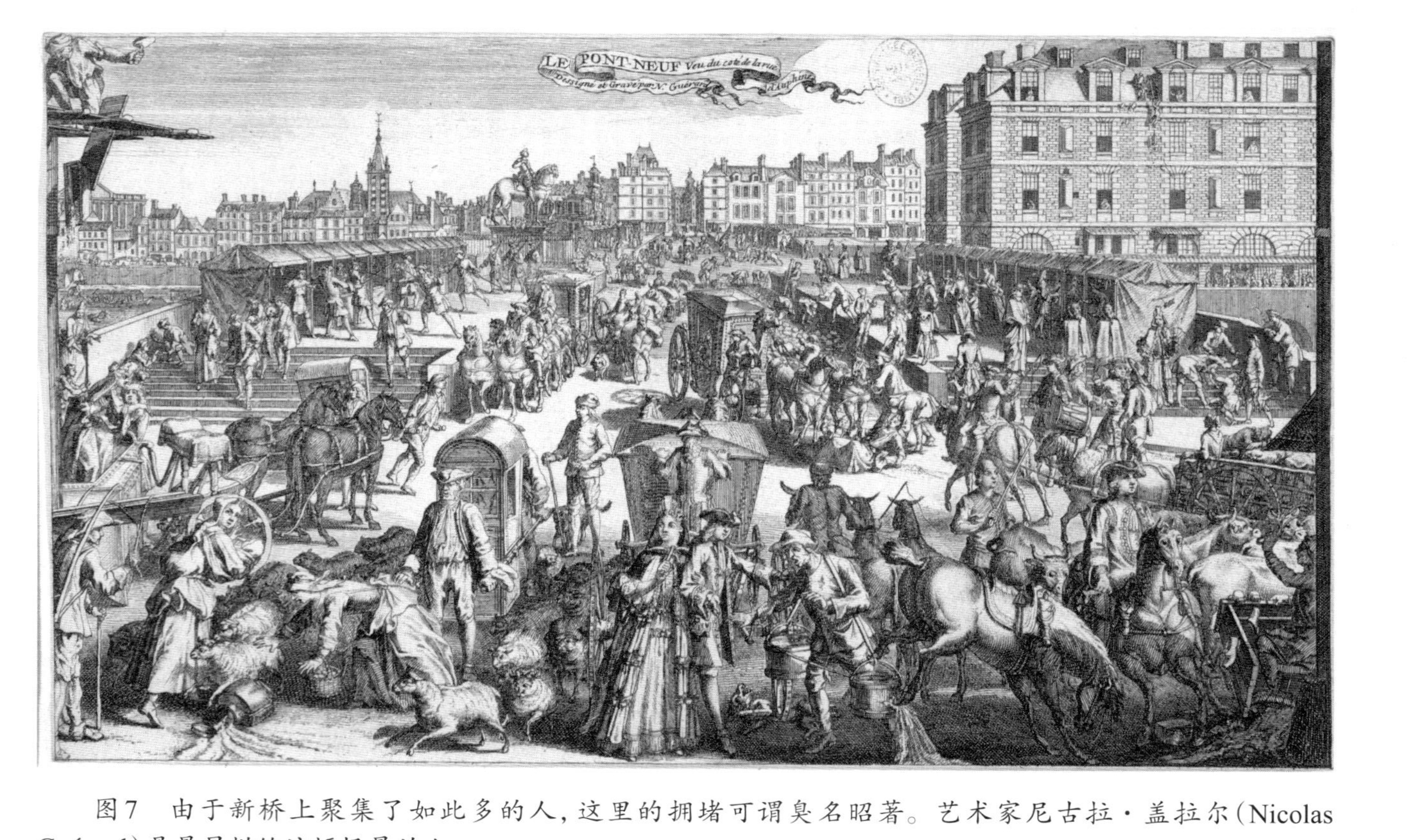

图7　由于新桥上聚集了如此多的人，这里的拥堵可谓臭名昭著。艺术家尼古拉·盖拉尔（Nicolas Guérard）是最早描绘这幅场景的人

的狗和羊群经过；一些羊因为靠近轿子，打乱队形，撞上了提水回家的工薪家庭主妇。一个男人想要帮助在混乱中摔倒的妇女。这一切，以及脚下的小鸡，还有周围冲撞的绵羊，都被一对贵族夫妇看在眼里。

33

没有人会预料到，这座桥会成为众多不同的行为争夺空间的场所。

首先，新桥最早体现了巴黎这座大城市对新闻不断增加的胃口，以及科技迅速发展如何满足这种胃口。流言蜚语在人群中迅速传开，由此有了这个说法，“像新桥一般无人不知”。不过，最重要的一点是，消息被越来越有组织地传播。

1611年，法国最早的报纸，让·里歇尔创办的《法国信使》发行，当时的新桥早已对公众开放。这份报纸一口气回顾一整年发生的新闻，并且报道的年份往往已过去多年。比如，最早的一期讨论的便是1604年的新闻。最后，应政府审查的要求，这份报纸转而以外国新闻为主题；法国第二份报纸，泰奥夫拉斯特·勒诺多创办的《法国公报》也是如此。该报于1631年发行。有了新桥，巴黎人便可了解巴黎发生的大事小事。

新闻里出现的关键人物和事件总是能张贴在桥上。人们可以从桥上或者附近的商店里买到这些报纸。印刷新闻也使用了同样的技术。巴黎里里外外，都显眼地贴着不同大小的海报和招牌，但是在新桥，这些则是更加明显。当时的一些文献提到，有些人为不识字的人大声地朗读张贴的新闻。（由于缺乏必要的文献，当时的识字率较难确定，但可以确定的是，巴黎的识字率远高于法国乡下。诸如贴在新桥上的新闻能够证明，城市居民的识字率不断上升，而新开发的技术不断涌现，并且很好地利用这个条件，进一步促进了识字率上升。）

这种桥上的非正式新闻阅览室也能解释，为何政治骚乱在1648年频繁发生。这一年也是自16世纪90年代以来暴力首次降临巴黎的街道。1648年8月，在皮埃尔·布鲁塞勒这位受人爱戴的巴黎最高法院成员被捕后，内战爆发了。布鲁塞勒居住的地方靠近新桥，后来为这次冲突盖棺定论的作家雷斯枢机也住在附近。

因此，雷斯能够以亲历者的方式描述布鲁塞勒在家被捕后“十五分钟内”发生的一连串事件。因为靠近新桥，许多巴黎人很快就获悉布鲁塞勒被捕这件事；愤怒的人群很快就聚集到一起。而这时，皇家卫队也正好在桥上。卫队主动撤退了，但是愤怒的人群紧跟不舍。很快，这些人就发展到三万甚至四万。雷斯形容这种“突如其来、猛烈的怒火从新桥一直燃烧到整座城市。每个人都拿起了武器”。后来，当反对派争取到布鲁塞勒的释放后，观察家发现，从“新桥的中间”爆发出“阵阵欢呼”，并且形容“整座巴黎的人”都聚集到桥这边。这些反对君主的人被称为新桥“投石党”。

34

从那之后，新桥也被认为是骚乱的摇篮。层出不穷的法令禁止“各阶层的人聚集在新桥”，却鲜有奏效。当时的资料显示，在新桥张贴信息，一夜之间就能招来大批人群。此外，内战中政治歌曲如此广泛传播，以至于内战结束的时候，诞生了一种音乐产业，并产生了“新桥歌手”，唱着“新桥歌曲”，“新桥政治歌曲”，“新桥年代纪”，或者，简而言之“新桥”。巴黎17世纪最多产的信件作家赛维涅侯爵夫人（Marquise de Sévigné），评价这些歌曲时说，“是新桥创作了这些歌”。热爱新桥的让—巴蒂斯特·迪皮伊—邓波茨（1750年，他曾宣布要写六卷本的新桥历史）说，法国历史上每每发生伟大的事件，总会有一首歌曲在这里创作和表演，以示纪念。

这些歌曲其实只是冰山一角。在17世纪30年代专业剧场诞生之前，新桥一直是巴黎戏剧的中心。正如这幅17世纪60年代的绘画所示，演员们在临时搭建的舞台上表演。各行各业的人聚集在周围，甚至凑到舞台底下。一些观众只是路过而已。但是，有一群贵族显然是专程过来看表演的，他们的马车停在附近，一位女士倚着门。他们占据前排的位置。

从当时的很多描述可以看到，桥上的许多表演十分类似今天的情景剧。一些表演家因此成名，他们的作品广泛流传，一些做成廉价的册子，供大众消遣，另外一些做成昂贵的作品集，卖给较为富有的读者。

有位亨利·勒格朗，艺名“丑角”，说自己对着听众“激烈地演说”。他口中吐出长串而不间断的长句，经常带着粗鄙的字眼，节奏准确，停顿恰到好处。“丑角”创造了真正的平民文化，一些愤怒，一些轻快。在最尖锐的政治评论中，勒格朗直呼国王的名讳。在一次漫不经心却充满先见的激烈演说中，他警告道，沉重的税务负担迫使法国农民离开乡村，前来追求“巴黎的黄金天堂”。然而，到了巴黎，他们没有找到正当的工作，没有像在农村里那样“酿酒”，而是成为“乞丐和小偷”。他预见性的警告在开明派哲学家和经济学家那里找到共鸣，一直到1789年法国大革命爆发。 35

图8中的演员也许能让人想到最著名的几位街头表演家，那就是塔巴兰和蒙多（分别是安托万和菲利普·吉拉尔兄弟的艺名）组合。在塔巴兰还是蒙多的男仆的时候，他们开始了初次合作。那时蒙多还是一名庸医，也就是众人所知的“江湖郎中”或者“手术医师”（他们自称外科医师），在新桥上贩卖号称有强大功效的药剂和药膏。（一位外国游客说：“它们会让你掉落的牙齿重新长出来；它们包治各种疑难杂症；它们会让人皮肤美白，皱纹消除。”）这两人用杂耍的方式卖所谓的“万 36

图8　巴黎人来到新桥欣赏桥上临时舞台的表演。图中的贵族把马车变成了包厢

能药”，当观众到一定人数了，他们开始穿成医生和丑角的模样，开始一边卖着狗皮膏药，一边说笑。

此外，还有一位感染力强、禀赋异常的人常常跃然纸上，那就是菲利波；这种情况在阅读几世纪以前的手稿或者即兴作品时鲜有发生。这位菲利波是一位盲人歌手兼诗人，来自萨瓦省，自称“新桥的俄耳甫斯[1]”。他的叠句有着科尔·波特的歌词的轻快和文字游戏。还有些表演家，例如大汉纪尧姆或胖子威廉（罗伯特·介朗的艺名），还有戈尔捷·迦基尔（于格·介朗·德弗雷歇尔斯），当今饶舌说唱里那种横冲

[1] 希腊神话中的音乐家和诗人。

直撞的粗话，其始祖就是这些人的表演。

露天表演也是造成交通拥堵的一个原因，尽管另外一种城市活动是更重要的原因，那就是能将人群吸引到桥上的购物活动。新桥一竣工，街头市场就出现了。在市场里可以找到饰品、衣服配件，以及城市里最吸引人的花店。卖家被称为“新桥的卖花女”。每一位小贩的摆设都从简：一张台子，一个箱子，地面的器具上面支着帐篷。大多数摊位都是流动摊，位于桥中间或者步行道。最先摆摊的是卖书人；桥上很快就聚集了五十多家书店。1619年，附近河岸出现了更多书店。今天塞纳河边的书摊的始祖，就是当时在晚上收起来、绑在桥栏杆上的小摊。由于书本琳琅满目，当时有人指出，这座桥带给巴黎人世上最大的图书馆。

那些在人群中受到推挤，容易被卖艺人或者羊群分散注意力的富裕顾客，往往最容易遭到偷窃。在茫茫人海中，钱或者贵重的小物件常常会遭到扒窃。不过，这些最常见的盗窃却很少登上17世纪的报纸。反而，另一种盗窃行为让新桥臭名远播。这种盗窃就是衣服盗窃，尤其是斗篷盗窃。

无论是在杂志、旅行指南、回忆录还是小说里，人们都能清楚地看到新桥和斗篷盗窃之间的联系。这些故事清楚地说明，如果你穿着相当精致的大衣来到新桥，很可能还没走到桥另一头，衣服就不见了。

只有在亮丽的服装价格仍然居高不下的时期，衣服盗窃才足以成为一种犯罪，17世纪的巴黎就是这样一个时期。1672年4月，赛维涅夫人的女婿向她要来一件“非常气派的紧身外衣”（类似今天的西服外套）。须知晓，这个女婿是一位伯爵，也是法国一个大省的省长，而赛维涅本人虽然不算挥霍无度，但毕竟是当时的一位大贵族，并且也像巴黎

37

富人那般爱赶时髦。然而，对女婿的请求，她反应有些激动：他在想什么？难道不知道这有多贵（“700到800里弗”）吗？难道他之前的“气派十足的衣服”怎么了吗？她的意思再明确不过了：你只能拥有一件这样的衣服，而且要用得“破到无法再穿为止”。

尽管如此，巴黎人一有昂贵的新装，总会忍不住炫耀一番。他们会前往能让最多人见到的场合散步，而最佳的地点正是“新桥这座大舞台”。从各种说法看来，女性这样做的危险小于男性。女性被抢劫的时候，只有少数会上新闻，被小偷抢走的一般是用来遮住领口的“手帕”或者围巾。当然，这些也十分贵重，好比今天的爱马仕围巾。不过，相对于小偷们觊觎的男士斗篷，这些可谓价廉了。当时的一本字典如此形容贵族的斗篷：“他们出门，在城市里晃荡时，斗篷披在他们肩膀上。”从17世纪末期的图画可以看出，一件斗篷要用掉好几尺长的高价布料。上面还有精致的穗带，甩动斗篷时能看到反光，产生戏剧性的效果。如果说，提出买一件新的紧身外衣，都令赛维涅夫人大为惊讶；那提出再买一件斗篷，反应想必更加激烈。

把披在肩上的斗篷扯掉可谓轻而易举，因此，这些盗窃服装的人也有这样一个外号：tire-laines和tire-manteaux，字面意思就是“扯羊毛的人”或者“扯斗篷的人”。新桥投入使用后，巴黎人发现，需要用一个新的词汇描述这种日益猖獗的犯罪，引起公众关注。

17世纪初，一个叫“偷斗篷贼”(filou)的词语诞生，其意思很明白：“晚上偷斗篷的人”。如今，这个词则是用来形容品行不端的人。新桥是偷斗篷贼的活动场所，“新桥偷斗篷贼”这个词组开始广泛使用；偷斗篷贼被称为“新桥的警报器”(如果发现斗篷不见了，那你距离新桥也不远了)，也被称作“新桥的地主”，因为那里他们说了算；还被

图9　亨利·博纳尔作品里的一位17世纪贵族骄傲地展示自己的斗篷。当贵族们在桥上沉迷于声音和美景时，小偷们伺机从他们肩膀上抽走这种昂贵的斗篷

称作"铜马像下的侍臣"，因为他们会埋伏在亨利四世铜像四周，伺机出手。 38

在1614年1月，巴黎高等法院便承认巴黎已经出现这样的问题，他们建议商人在店里保留武器，以便帮助警察们逮住这些"晚上偷斗篷的人"。

外国人很快就开始互相提醒，谨防小偷。英国的作家兼牧师彼得·黑林曾讲述自己在1625年遇到"偷斗篷贼或者街痞"。另一位英 39

国游客说，自己晚上走过新桥的时候，被偷斗篷贼“抽走了一件新的长毛绒斗篷”。到了17世纪末，巴黎的常住居民内梅兹为其旅行指南的第一卷最后一章取名“偷斗篷贼介绍”。他提醒那些从小城市去巴黎的游客，偷斗篷贼是巴黎特有的问题，因为巴黎是“最大的城市，自成一个世界”，偷斗篷贼作案后可以迅速匿迹于茫茫人海。游客要保护衣服，首先要避开一个地方，那就是天黑后的新桥。

文学界开始取材这种新的城市犯罪故事。1646年，克劳德·德埃图瓦勒的《扒手的把戏》上演，成为当时一绝，到了该世纪80年代仍然被不断改编、上演。这部剧的背景是亨利四世铜像附近的一座桥（还能是哪座桥？）。剧中有一伙专偷斗篷的人，有“疤面人”（亨利四世也被人称为“疤面人”）和“独眼人”。他们夜晚作案。靠着萨玛莉丹的钟声知晓时间，以此避开定期巡视大桥的民兵。

从这类作品中，我们认识了贝隆特，也是文学作品中第一位倒卖赃物的角色（也是位诚信全无的人物，因为他会把转手卖掉的斗篷又一次偷走）。我们也知道，当时的富人到了晚上，在靠近新桥之前，多半会有意识地脱下斗篷，除非身边有保镖。而保镖保护的不是人身安全，而是斗篷。我们认识了拉贡德，一个旧衣服贩子，专卖赃物。即使出于再清楚不过的原因，这些二手衣服贩子无法在桥上开店，他们的店仍开在新桥附近，提供便利。这些赃物转手前已经过一番精心处理，因此，据说要去这些店里找回失物绝无可能。当时的报纸有篇文章曾说“一件斗篷很可能做成两件紧身外衣”。对这种偷窃的刑罚也相当严厉。有位倒卖赃物的妇女，名叫瓦朗坦，于1665年3月被公开执行死刑。然而，犯罪的利益如此巨大，这些斗篷的诱惑令人难以抵挡，倒卖赃物依然猖獗。

图10　新桥是巴黎第一座两侧没有房屋的桥梁。这座桥上可饱览塞纳河风光和城市景色。图中两位游客正欣赏美景

人们惧怕偷斗篷贼也是不难理解的。这些扒手通常穿成贵族的模样（毕竟他们也有这类行头），黑暗中趁机下手。甚至也有故事说，一些正牌的贵族也想要去新桥上偷人斗篷，过把手瘾。

有些扒手甚至光天化日之下作案。内梅兹的作品里有一章，专门描述巴黎白天作案的扒手，其中就有讲新桥的。从这幅17世纪初的作品（图10）中能看到，两个巴黎人倚在桥上，沉迷于河上的风光。内梅兹说，这种情形通常是小偷下手的绝佳时机。一眨眼的工夫，斗篷就被窃走。

40

事实上，新桥的设计，很明显就是在鼓励行人驻足，欣赏眼前之景，这也是新桥最值得骄傲的创新。

1612年，巴黎历史学家雅克·德布罗伊尔向游客介绍新桥的创新之处，那时的新桥仍属于新鲜事物。这位历史学家写道，“桥两边都有一尺厚的扶手”，这些扶手每隔一段距离，就有专门的“观景台”或者

“露台”；图10中两人所在的，就是这样一个露台。德布罗伊尔解释说，巴黎人只要在新桥“望一眼河面”，即可认识到，他们的城市已经成为一处具有审美价值的景观。事实的确如此。

整个17世纪，巴黎人和外国人都强调，这样的景色在欧洲独一无二，法国人应引以为豪。旅行指南的作者们都同意，“邂逅一条河，几处美景，以及远处的山坡和树林”，不容错过。布里斯则提到，“一位当代最伟大的旅行家”认为，河上的景色“是他长途旅行中最为壮观的所见”，只有君士坦丁堡港口和印度果阿能与之媲美。17世纪70年代是旅行写作的鼎盛年代，而贝尔涅里正是最具影响力者。他比布里斯笔下这位佚名旅行家说得更夸张，说新桥是“全世界最美丽、最令人惊叹的风景”。

41

不仅如此，贝尔涅里将自己树立成美丽景色的权威专家。他曾游遍世界，除了“中国和日本的一些边陲”。因此他也底气十足地告诉巴黎人，“不需要离开巴黎，就可以欣赏到全世界最美妙的景观；走一趟新桥足矣”。

贝尔涅里说，“因为这里几乎全部出自人工，乃世界一绝”。技术和城市规划带来了城市景观，它由人为产生而非自然的结果。巴黎不再只有巴黎圣母院或者卢浮宫这一两处单独的景色值得一去。从桥上看去，塞纳河已是一处美景。17世纪许多关于新桥的作品生动地说明，巴黎的城市景观已经成为一大奇观。

创作于17世纪60年代的图11正是这样一幅油画作品。画面的前景是巴黎街头生活和各色人物的新景象。在画面背景，则是这座桥教会巴黎社会各阶层的人欣赏“全世界最美妙的景观”。

42

那个时代，世界上的大城市普遍缺乏足够的桥梁，有也仅仅满足基本功能，而新桥重塑了当时关于桥梁的概念。新桥技术领先，成为各类

图11　赫德里克·莫默尔在17世纪60年代创作的作品也代表了该世纪巴黎最受欢迎的形象。许多绘画中，新桥都是一条熙攘的街道，悬在塞纳河上方

娱乐方式的中心，让社会各个阶层享有平等，这座桥也是巴黎获得美丽和现代美名的秘诀。1717年，当彼得大帝前来巴黎取经，学习规划欧洲大都市的基本之道时，新桥自然成为他的必去之地。

因此，新桥成为历史上第一个现代旅游景点，且催生了一个纪念品产业，也并不奇怪。特别富有的游客总会买下描绘新桥的作品，带回家，挂于客厅或者画廊，用以回忆巴黎美妙绝伦的体验。而家境普通的游客则是买下小挂饰，纪念巴黎之行。

在17世纪，手工绘制和装饰的折扇是欧洲各国时尚女性最爱的饰品。1672年4月，赛维涅夫人对新买的折扇大为欢喜，赞叹这是“平生见过最漂亮的物品”。这把折扇画的，就是赛维涅这位老巴黎称之为“老伙伴”的新桥。许多画有新桥的折扇保存至今，而最早的便制作于赛维涅所生活的时代。图12所示的折扇为18世纪制作，画的是桥上的丰富多彩的、被视为巴黎特色的现象，从交通拥堵、买卖到欣赏美景。这幅作品令这座城市常驻游客的脑海，纪念过去的旅程，或者憧憬未来的行程。

17世纪的很多巴黎谚语也可表明，当时的巴黎人眼中，新桥已成为巴黎的灵魂。当时发明了许多表达方式，包括“在新桥上叫喊”（“把消息告知全村人”）。人们用“造新桥”表示艰巨的任务。他们会说“像新桥般坚固”。当表达一件千真万确的事时，他们会说“一千年后，新桥还是新桥”。例子不胜枚举。

1689年，路易十四在塞纳河上增加了一座新大桥，那就是皇家桥，这座大桥只有50英尺宽，450英尺长，长度不及新桥的一半。到了17世纪末，亨利四世用以开启巴黎现代化的这座新桥，仍为巴黎最长和最宽的桥梁。

44

图12　这件18世纪生产的折扇纪念品上描绘的，正是新桥上的街道生活

第二章
“灯火之城的光芒”：孚日广场

16世纪50年代，西班牙的菲利普二世想要用前无古人的宏伟建筑纪念自己的统治。他委任加斯帕尔·德韦加作为他的建筑和艺术事务顾问。1556年，这位国王的特使周游北欧和法国，为本国建筑寻找灵感。在巴黎之行的报告中，他对这座城市的评价可谓简洁干脆：他只逗留了一天，兜了一圈卢浮宫，断定那是座“过时的建筑”。“虽说匆匆路过这座大城市”，他坦言“没有见过一座值得一提的建筑，这座城市徒有面积”。

这也是亨利四世1598年看到的巴黎：一座被加斯帕尔·德韦加断定为建筑荒漠的城市。

在17世纪初，巴黎缺少重要的公共空间。法语单词place（字面意思为“地方”或者“空间”）指的是没有建筑占据的露天场所。当时所认为的place，往往指的是再普通不过的公共场所（譬如集市），这类场所极其简陋，缺乏必要的设施；或者就是比街道宽阔些的场所，只是能容纳更多人而已。

到了17世纪末，这个词语开始有了新的定义，证明一种新的place开始出现。那时候，place指的是“开阔、公用，并且四周被建筑环绕的空间”，它的用途十分明确：“方便人们聚集”，“增添城市的光彩”，“促进区域内的商业”。

45

为了解释这个词的新定义，当时所有的词典都以一个地方为例，那就是皇家广场（Place Royale）。Place的全新定义事实上是以皇家广场为标准的。这层词义的范例至今仍在，现在的人称之为“孚日广场”，其新名称产生于1800年。孚日广场也是巴黎最早的现代建筑项目，最早的公共空间，最初的现代城市广场——也是现代巴黎形成过程中的第二大代表。整个17世纪，孚日广场经历了多次改造，每一次改造都为巴黎注入了新的活力。广场的每一次发展，都对巴黎的现代性发挥关键作用。

1604年10月，新桥刚进入公众视线，亨利四世的城市大改造正式完成第一步。事实上，在1603年的最后几个月里，亨利四世正准备为第二项工程打基础。几十年宗教战争，严重破坏了巴黎经济，他迫切想要重振经济。当时的高级（而天价的）丝绸是欧洲的时尚宠儿。法国大批地从头号丝绸生产国意大利进口产品，而这种巨大的支出正在逐步抽空法国的国库。亨利四世决定在巴黎建立一个丝绸产业。这次重振巴黎经济的努力带来了大家预料不到的结果，工程项目创造了城市广场的新模式，也带来了一个新的居住区。

1603年，亨利四世召集商界领袖，共同探讨建立一个专门生产高品质丝绸的制造业，那时很少有城市会在规划中囊括新产业的建设。1590年，教皇西克斯图斯五世曾考虑过利用圆形大剧场重振意大利的羊毛产业，但是这个计划从未启动。

为了实现自己的计划，亨利四世找到六位最富有的商人和官员。这种主要依赖私人资助实现的皇室城市规划，也是巴黎重塑过程中的特有现象，这便是其最早的案例。

国王给支持者封爵，并且为丝绸产业提供免税的优惠。1604年1月，国王提供了土地，用于建造作坊和员工住房。作为回报，他要求商人们将这项新的丝绸产业持续运营到1615年。

这幅18世纪早期的地图（图1）上可以看到，亨利四世选了一处优势明显的位置。城市的主要入口是圣安托万大门，这座大门位于巴士底狱前方，原本用于防御。游客们然后会顺着巴黎最宽阔的圣安托万路前行，46 进入这座新建的广场。进入广场十分方便，而且广场亦不受车水马龙的干扰。

起初，项目可谓快马加鞭。在1604年3月的法令中，有提到外国工人到达法国，培训法国手艺人编织丝绸。大多数商业建筑都在年底前完工。到了1605年夏天，丝绸厂开始投产。一位名叫西吉斯蒙迪·佩斯塔罗西的意大利人领头，一群米兰工匠和法国学徒则住在十二间专门建造的房子里。

到了1605年3月29日，亨利四世致信财政部长苏利（Duc de Sully），谈论起那个“广场”；这也是他们第一次谈论丝绸作坊运作的背景，探讨从商业公司变成第一座现代城市广场的重要时刻。次年7月，47 “那个广场”开始得到官方的命令：“我们希望将其命名为皇家广场”，这个法令也确定了该广场的三个主要目标：美化巴黎，提供举行公共庆

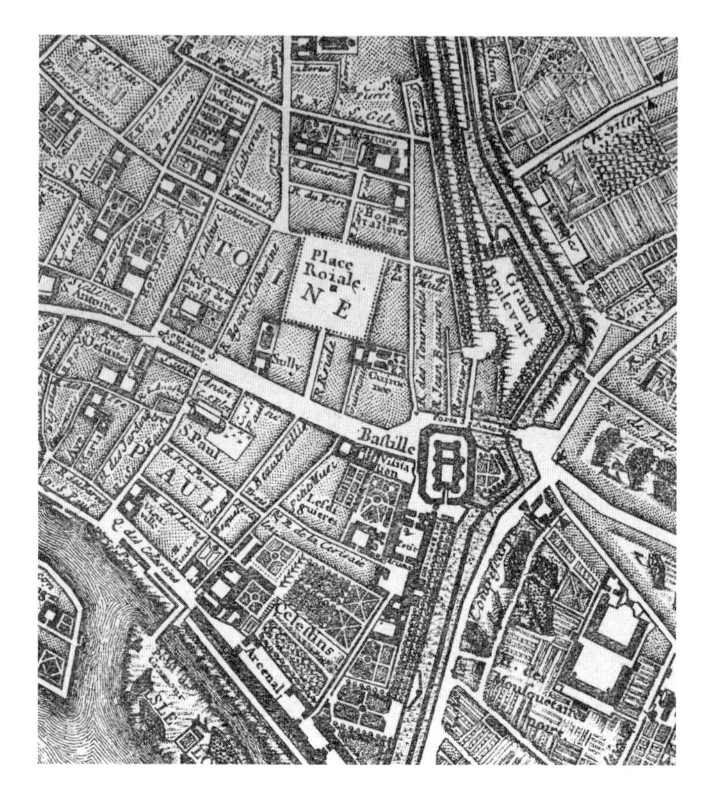

图1　对17世纪巴黎的游客，皇家广场是首要的景点。这个广场位于城市的主要入口圣安托万大门（后面是巴士底狱），从广场周围最宽的圣安托万路可以进入广场

典的场所，提供巴黎市民休闲的空间。其中，后两个目标可谓具有革命性。在此之前的法国君王都考虑过美化巴黎的开发方案，但认真结合城市工程的实际价值以及提升生活质量的，亨利四世可谓第一人。

国王决定使用一些现有的商业建筑作为广场的一边，而另外三边则是“塔楼”建筑，每边九座。这些建筑的第一层用于商业（出售新出的产品），里面有一条拱廊，专门供游客避风躲雨。建筑的上面几层楼则用于住宿。这些土地对丝绸的投资者以及皇室的拥护者免收租金。

商户可以自由装饰塔楼，但是建筑立面必须整齐一致——“按照我们的设计而建造”。因此，这些壮观的塔楼便成为连栋房屋的始祖，同等高度，同等正面，和邻近的房屋共用一堵墙（参见彩色插图）。到了1652年，作家兼城市规划师约翰·埃弗兰称赞这些“统一美观、无与伦比”的房子是现代建筑史的一大奇观。（伦敦的连栋房屋，是在1666年的伦敦大火之后，由企业家尼古拉斯·巴尔邦引进的。）广场的塔楼有一致的石板斜面屋顶，其立面都是由红色砖块和金色石块混合组成。对法国建筑来说，这种组合并不新奇，早在16世纪的一些城堡中便已使用。然而，对巴黎来说，这是十分新颖的，而且还为城市增加了一些特色。早期的业主们也同意采纳“同样的对称”——同样的楼层，同样的长宽高，位置同样的烟囱，同样数量和规格的窗户。（事实上的确有一些特例，但不足以破坏整体的统一。）

亨利四世迫切地想要实现自己的这项计划，因此下令，项目须在一年半个月内完工。为了保证工人认真负责，亨利四世本人每日定时到访工地。

然而，尽管国王亲力亲为，巴黎的丝绸产业并没有迎来巨大的成功。在1607年4月，国王放弃了原有的计划，并且同意对建筑作重大的调整：拆除项目最初的作坊，另外增加九座塔楼。亨利四世奖励了那些进度领先的人。比如，皮埃尔·富热，即德屈尔先生，在1605年完成了东边的塔楼，因此国王奖励了另外一块地，让他建造住所。这个住所即今天的九号，也是唯一一座立面的背后藏着花园的塔楼。

48

广场最早的居民来自不同的社会阶层，经济能力各不相同。最早的六位户主中有皮埃尔·桑托特，尼古拉斯·加缪（或称勒加缪）。皮埃尔·桑托特是布商和商界领袖。而按当时人的说法，尼古拉斯·加缪初到巴黎时，口袋里只有20里弗。他以丝绸发家，继而成为一名影响力巨大的金融家。到去世时，他留给后代900多万里弗的遗产，就连每年的收入，也高达40万里弗。最大的丝绸投资人是让·穆瓦塞，他原本是一个外省的穷小子，一步一步成为金融界的大腕。就像加缪，穆瓦塞的经历也是17世纪巴黎家喻户晓的成功故事，而在这之前，这种靠对金融的灵敏嗅觉成为巨富的现象实属少见。

到了1612年，广场的居民增加至四十人。其中大多数都是富有的布尔乔亚，比如当时最大的房产开发商夏尔·马尔尚（Charles Marchant）。这些人的邻居并非同样富有，比如宫廷工程师和制图师克劳德·沙蒂永（Claude Chastillon），甚至有普通巴黎百姓，诸如老石匠让·库安，以及老木匠巴泰勒米·德鲁安和安托万·勒雷德。

在设计上，新的广场原本打算彻底告别更早的城市广场模式，比如古典风格或者文艺复兴时期的广场。这些早期设计通常是矩形的，用来展示个人的纪念碑、教堂、市政厅或者中心雕像。皇家广场实质上是正方形的，边长为450英尺（72突阿斯）。这个广场没有宗教或者政治使命。尽管名字含有“皇家”字眼，这座广场起初和皇室搭不上边。广场的中心一直是空的，直到1639年才竖起了路易十三的塑像。这座史上最早的现代广场把更多的精力放在城市居民的建筑上，而非纪念政治或者宗教权威上。巴黎这个名字后来一直和前卫居住建筑紧密相连，这座广场功不可没。

49

这片开敞的空间也让巴黎开始迷上观景。在广场完工前，只有新桥才能提供欣赏美景的绝佳地点，甚至连巴黎圣母院都是被各类建筑层层包围。然而，到了17世纪末，巴黎市内出现了许多宽阔的大道，为步行游览的人提供了足以欣赏周围建筑的距离；有了林荫大道和大街，人们能够远远欣赏那些最著名的景点。

17世纪初，法国皇宫并没有专门举行庆典的地点。庆典通常是在托内勒斯大楼举行的，而在1559年，亨利二世在那里的比武中丧生后[1]，大楼遭凯瑟琳·德·美第奇皇后弃用；皇后后来下令拆除这座楼。那块区域一直作为马市，直到亨利四世决定将其纳入丝绸厂。

为了实现计划，亨利四世也从私人投资者手里购买土地。借此，国王也拥有足够的土地实现他预想的第二项功能。1605年颁布的法令宣布，广场将为“公共庆典日提供人群聚集的场地”。在当时，广场的占地规模只能批给皇家宫殿，它虽是类似宫殿的公共空间，某种程度上也对所有居民开放，用于娱乐消遣，放松身心。

1612年4月5日、6日和7日，这座新的广场正式开放，迎来当时巴黎最大的公众聚集。这次庆典是纪念一个里程碑式的事件，即人们所说的“西班牙联姻”，也就是亨利四世两个最大的孩子和西班牙菲利普三世的两个子女订婚：亨利四世11岁的儿子（即未来的路易十三）和同龄的安娜公主，以及10岁的伊丽莎白和当时7岁的菲利普四世。

先前的皇家庆典都是在结束很久后，才有大量出版物予以纪念。而这次庆典，许多记录人早在1612年4月便联络了报社，纪念版画也很快在民间流传。

其中，流传最广的一幅出自克劳德·沙蒂永的手笔。这位沙蒂永居住在东侧一塔楼的顶楼（也就是今天的10号）。从窗户望出去，可鸟瞰广场，因此他能够清晰地记录这次标志性事件。这幅版画中，沙蒂永想要尝试描绘亨利四世为巴黎增加的景点：他因此成为第一位系统记

[1] 1559年，他在为女儿的结婚庆典而举行的比武中，被苏格兰卫队长蒙哥马利的短矛刺穿头部，十天后去世。终年40岁。

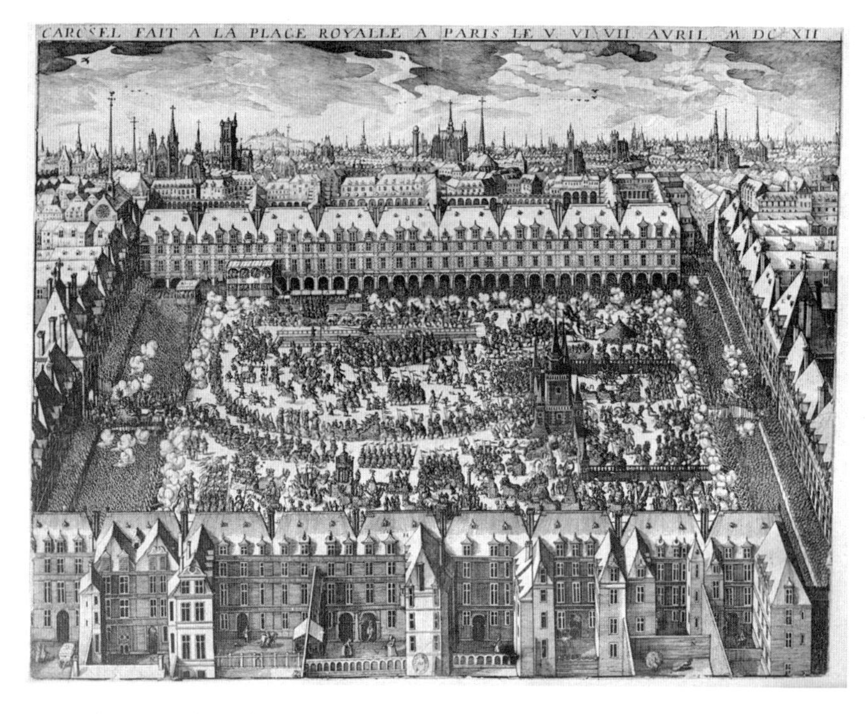

图2　这是从广场最早期的住户克劳德·沙蒂永的窗户看到的1612年的广场落成典礼。沙蒂永的作品也展示了当时观众数量之庞大（在他估算，大约有7万）

录巴黎及其都市文化发展的艺术家。

沙蒂永想象出新的形式记录公共庆典：一张巨大的纸张，图画位于中间，边缘配上文字。这种形式的目的，是为了比之前配有大量精美插图的书本争取更多的受众，并且更快地传播。他对前来参加的观众和庆典所展示的皇室实力给了同等的关注，可谓是其绘画所带来的新突破。这幅关于巴黎人的早期绘画中，我们能够十分明显地看到，巴黎人为了目睹庆典盛况，都在努力挤进这个广场。

50

确切计算如此庞大的观众人数，即使用上现代的记录仪器，也绝非易事。因此，对参加庆典的人数，不同人的估算值自然也出入巨大，少则5万，多则8万。皇家广场的设计容量是6万人，相当于当时巴黎常住人口（22.5万）的四分之一，而沙蒂永则是按广场满载使用的情况去创作版画的。一位评论家解释说，这么多人在广场过夜，为的就是想一睹广场的风采，所以到了4月5日，广场已经人满为患；而多出来的观众就挤到了每条拱廊。另一位评论家则补充说，一些观众甚至爬上了屋顶。还有一位评论家说：“似乎整个巴黎的人都想在广场附近找到一个位置。”当时一位大外交官目睹了这个场景。他记得“茫茫无际的”人群发出的“不可思议”的呼喊。从这次浩大的场面之后，这个广场成为巴黎人的公园，为所有巴黎人使用。

超出广场容量的人群观赏了这次精心编排的活动，先有游行，后有表演。在广场的正中央摆放着这个广场四周塔楼的模型，被命名为“幸福宫”，预示皇室子女双双订婚所带来的繁荣，约有五千人的阵容围着这座复制品游行。游行队伍中，有喷火龙，上面坐着中世纪的公主；有一组一组的奴隶、野人、印第安人、巨人、随从、小号手，还有几头大象和犀牛，增添气氛。

游行队伍的服饰也如舞台上的一样奢华。比如，这些“野人”从头到脚都披着绿色绸缎做成的橡树叶。“印第安人”戴着羽毛装饰的头饰和长皮毛围巾，穿着皮质的短靴。法国皇宫的人则是身穿金银绸缎的服饰，手戴钻石手镯。

亨利四世的遗孀玛丽·德·美第奇知道，这次庆典将是巴黎近几十年来最奢华的一次，并且将带给巴黎人一种穿越信仰差异的身份认同。庆典第二天的结尾，她宣布，这次庆典的队伍将继续穿过巴黎的街道，让“未能在皇家广场观赏庆典的巴黎人大饱眼福”。在皇室成员带领下，巨大的游行队伍走出广场，进入圣安托万路，穿过圣母院大桥，到达左岸，然后沿着河堤走到当时竣工不久的新桥，然后再次跨过塞纳河，抵达卢浮宫。

夜幕降临，玛丽·德·美第奇要求“游行路线两侧的所有房屋”需点亮室内灯，为整条路上早已迅速聚集的人群照亮周围的景色。六个小时后，到了午夜，最后一批游行表演者到达卢浮宫。可以说，截止到那时，所有巴黎人都已经参加了皇家广场的落成典礼。

即便过了几十年，这次庆典仍为人津津乐道；沙蒂永的形象，以及他笔下的绘画，一直到17世纪60年代仍继续再版。这些图像的宣传意义不言而喻。1612年，在巴黎这座从十多年前的内战和废墟中重新站起的城市，这座不到两年前还在哀悼皇家广场的规划者亨利四世遇刺的城市，它发行的图像和书本都在传播着“一切步入正轨”的气象。巴黎是一座重生的城市，刚踏出近几十年的噩梦，成为盛大庆典的绝佳场所。

52

在确定皇家广场方案的1605年的文件中，亨利四世为广场指定一项最终的功能，那就是“proumenoir”，“能让巴黎居民散步的空间；由于街上到处是各地不断拥来的游客居民，巴黎人都不乐意出门了”。因此，在众多君主中，亨利四世首先创造了公共空间的第二种功能。这种空间在当时可谓史无前例，为人口不断增长的城市中心的居民提供日常消遣。有了皇家广场，巴黎也诞生了欧洲第一片专门的消遣性城市空间。

这幅17世纪的皇家广场绘画（图3）见证了广场对巴黎人日常生活的重要意义。无论男女，无论大人或是小孩，无论贵族或是布尔乔亚，都在中心广场上，拱廊下，或者邻近的街道散步。一些形单影只，一些成群结队。一些人倚靠着围栏，一些人坐在围栏上，还有些坐在附近的

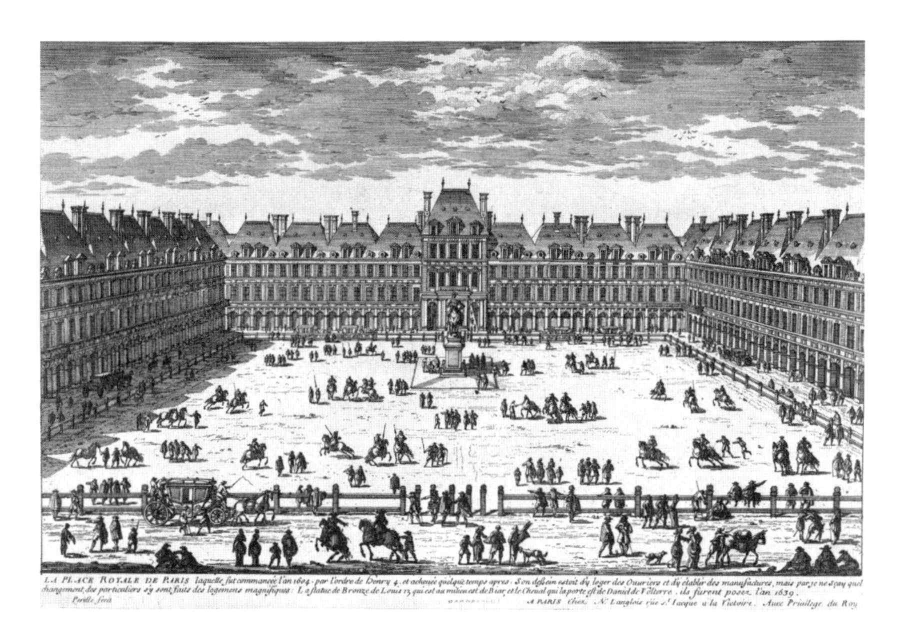

图3　这幅版画中的皇家广场是公众消遣场所，各个年龄和社会阶层的巴黎人都会前来放松

53

地面上。流动的小贩在街头游荡；一些贵族骑在马上操练武艺。当时，很少家庭的房屋有专门用于社交活动的空间，于是广场成了巨大的室外客厅，供巴黎人聚会消遣，而且任何一天都可以进行。任何一本早期的巴黎游览指南都会告诉游客，广场的拱廊能够“让人尽情享受散步的乐趣，无论晴雨”。

然而，久而久之，广场不再为市民所用。最早的变化发生在1615年。当时，那些规定丝绸生产商经营的合同已经到期，而丝绸产业没有如愿发展起来，亨利四世也已经不在人世，无法亲力亲为地推动产业发展。原先的投资者关闭了制造厂，并且赶走了居住在广场的手艺人。

从那以后，每当广场的业主出售住所，就有名门望族接手。比如，唯一一座有私人花园的房屋一直属于皮埃尔·富热的家人，直到1644

年被他的继承人卖给奥诺雷·达尔伯特，也就是法兰西元帅萧尔纳公爵。到了17世纪40年代，贵族完全接手了广场。1639年，路易十三的骑马铜像在广场中央竖立，似乎象征这里不再属于平民百姓，而是皇室的地盘。（这座雕像在1792年遭到毁坏，现有的雕像是1829年建造的。）

然而，十年后，巴黎爆发内战，人们一度不再顾忌贵族的需求。巴黎市政府强占了这座巨大而且地段绝佳的广场，用以展示对皇室权力的反抗。1649年初，在“巴黎市”的旗帜下抗争的民兵和骑兵几乎每天都在广场游行，借此向巴黎人表示，他们有足够的实力保卫巴黎。很快，叛军就在皇家广场彻底安营扎寨。这样的场景，也让这些出身低微的居民相信，是时候彻底占领广场了。

在最早的设计里（图4），周边的房屋和中间消遣性的空间之间没有隔离，当时的广场真正属于巴黎。路易十四的表妹，蒙庞西耶公爵夫人（Duchesse de Montpensier）曾在回忆录中写道，内战结束后，广场的居民将广场的中央彻底重建。这幅油画创作于广场改造后不久，该图显示新增的特色，表明广场不再向公众开放。蒙庞西耶也描述这次改造中焕然一新的景观。其中，有一片草地被她称为“草毯”；“草毯”中间有一条铺着沙子的路。这片草地起装饰作用，但也将空间分割成几片区域。就像这幅油画所示的，广场这片被视作敞开的消遣性空间变得更加宁静而庄严。广场的每一个人（现在里面都是贵族了）都会避免踩踏草坪，转而行走在铺着沙子的路上。其中一对夫妇正在放松，不过不再是在草地上，而是在改造后位于步行道一头的椅子上。这时的中心广场就像周围的建筑一样典雅。（今天在广场四周看到的树是18世纪种下的。）

54

改造后的广场也有一个目的，那就是向其他国家表明，内战带给巴黎的伤疤早已淡去。

图4 到了17世纪下半叶，皇家广场更像是一座专门由附近区域（这个区域就是后来众所周知的“玛莱区”）的上层社会人士光顾的场所

当时一位外国政要前来巴黎进行国事访问。为了让他对巴黎留下完美的初访印象，法国为他举行了一次“进场”仪式。在路易十四统治时期里（1661—1715），每一次国事访问都采用这种仪式和规格。这种精心安排的仪式由负责的礼宾官尼古拉斯·德桑托特记录下来，留给后世。内战后有一次重大的国事访问发生在1656年9月，当时瑞典的克里斯蒂娜女王刚刚退位，骑着白马进入巴黎。有人写道，她很快就被带到“巴黎乃至世界上最美的地点”。迎接她的庞大队伍，都是巴黎的优雅丽人，“站得婀娜多姿”，每家窗户都“精心装饰”。

55

时至克里斯蒂娜访问巴黎，这座广场对巴黎人来说，更像是贵族的私人剧院。1659年3月，一份小报描述了蒙布兰侯爵皮埃尔·德贝勒加德为朋友举行的“盛大而新颖的派对”。1654年，这位侯爵买下了十九号，位于角落的、异常宽阔的一片，原本属于地产大亨马尔尚。侯爵在1659年2月又出售了这块地，这次派对是为了向广场告别。他用了整整2300枚挂灯点亮广场，举行了盛大的烟花表演。许多那里的居民从十三号观看这次表演，“就像坐在环形剧场里那样”。这个十三号属于让·德伊尔，阿莫爵士，奥弗雷伯爵。

56

有一样新的建筑元素能让人察觉到广场居民对广场中央空间的控制权。1644年，萧尔纳公爵买下这间包括私家花园的塔楼，他的宅邸成了第一家装上锻铁阳台的房屋。这幅在广场改造后不久创作的油画（图5）上，不仅能看到萧尔纳公爵的阳台，还有蒙布兰侯爵的双阳台，于1654年装在位于边角的住宅。这些阳台给新搬入广场的贵族提供了特有的视野。在图6中，他们也能看到，国王正享受着这项巴黎早期的重

图5　广场上最早的锻铁阳台是1644年建造的，这种阳台就像剧场里的包厢，可以从阳台上欣赏下面进行的活动，并且向经过的路人炫耀

图6　路易十四经常巡视首都。这幅作品记录的故事大约发生在1655年。图中，路易十四坐在马车里，身后是他的母亲奥地利的安妮

大工程。这幅图上，路易十四坐在红色马车中巡游巴黎，欣赏着皇家广场和里面的居民。

到了17世纪50年代，更加开阔的花园和更宽阔的步行道逐渐取代了皇家广场作为公众消遣活动中心的地位，过去经常光顾广场的各类人，也开始转向这些花园和步行道。皇家广场成为一处封闭的地点，只允许广场居民从阳台欣赏，只有国王本人能够进入。这个广场因此也实现了一项新的任务，一项过去的公共场所曾有尝试却从未实现的任务：从这里诞生了一个居住区，一个居民自发形成而非在市政厅或者皇室的法令下发展起来的居住区。

这个广场周围的房屋，原本是留给丝绸厂的手艺人居住的。1615年，亨利四世的项目停工后，这些住所被拆毁。之后，随着皇家广场成为贵族居住的一片飞地，那些未能得到皇家广场的位置的巴黎权贵便开始自行在附近建房。提供各类生活娱乐的店铺，从精品珠宝到精致 57

点心，都纷纷在附近开张。

到了17世纪30年代，广场附近的地区被称为“玛莱区”[1]，原意为“沼泽区”（这里的地形较低，曾经是沼泽带）。玛莱区在1670年左右成为官方行政区，那时候，许多早期居民开始记录那一代的历史。从这些人的介绍中可以看到，玛莱区很快成为典型的巴黎早期上流社会居住区。也可以看到，这样的居住区促进了城市中心特有的各类现象，从艺术社区到当时一种极其新颖的文化，今天我们称之为青年文化。

玛莱区的许多早期居民是作家，他们强调，住所靠近重要景点，对自己的日常生活带来了重要的影响。比如，对讽刺诗人泰奥菲勒·德维奥来说，离开巴黎去流亡就是被剥夺“欣赏皇家广场”的权利。当毕生居住在广场右边的特伦娜街上的小说家、诗人保罗·斯卡龙搬离广场时，他写了一首长长的《告别玛莱和皇家广场》，并形容其为“闪耀之城的光彩”。

斯卡龙也向那些无法再“随时”登门拜访的人告别，而他这份长长的名单就是巴黎上流社会的名录，包括那个区的公爵夫人、伯爵夫人以及公主。斯卡龙的这次告别也说明，在玛莱区这个圈子里，友谊使得人人平等，无关阶层。

这里的居民中，恐怕无人比下面这位女性更能完整记录玛莱区早期的历史。此人生于1626年2月5日，她的出生地后来成为皇家广场的一部分，而皇家广场也是她的祖父、地产大亨菲利普·德库朗热的住所。此人就是日后法国最具影响的女性——赛维涅夫人。作为一个彻

[1] 也称为“玛黑区”。

头彻尾的巴黎人，赛维涅夫人长期居住在广场附近一带。她居住最长久的宅邸，如今已成为巴黎历史博物馆，距离广场仅仅几分钟的路程。赛维涅还写过无数封信件，其中约有1400封保留至今。

玛莱区的生活对赛维涅来说至关重要。令她自豪的是，她总能第一时间告知在外省的笔友发生在巴黎的最新新闻。她明白，这边到处住着巴黎有头有脸的人物，打听到消息绝非难事。每天早上咖啡厅遇到朋友，她便向他们提问。每听到传言，她只要“走个几步”，到邻居那里打听一下，便可辨别真伪。当知道一位表亲打算搬走，她表示不解：“竟然有人想从这边搬走？”

58

这个17世纪巴黎的文学中心经常出现在文学作品中。这种传统始于1633年，当时两幕名为《皇家广场》的喜剧上演，背景舞台是皇家广场的复制品。皮埃尔·科尔内耶的作品在位于广场正出口的新建剧场玛莱公司上演。科尔内耶不同于任何一位同代人。当时年仅26岁的他提出，玛莱区还有可能以一种方式改变巴黎。他认为，在这个特殊的场景下，能够催生一种青年文化。

对欧洲文学界来说，这位年轻剧作家在玛莱区诞生之初几十年里创造的戏剧可谓新颖。这种喜剧形式的都市感如此之强，故事场景设在巴黎代表性的、让城市脱胎换骨的地点，年轻的主人公们在那里相识、相爱或者别离。《皇家广场》向观众展现了一群居住在广场或者附近的青年，出身良好，单身未婚。菲利斯和她兄弟德拉斯是安热莉克的隔壁邻居，他们的朋友艾力德也住在附近。这些年轻人一直形影不离，不受管束；他们的父母极少露面。

在玛莱区这个不受外界干扰之地，这些人养成了和广场建筑一样不流于世俗的价值观。菲利斯宣称自己有“两千多名追随者”，认为感情专一毫无意义，她更喜欢随心所欲，脚踏多只船。艾力德惧怕世俗的承诺，他很早就表示，“许多人的婚姻都以不幸告终”。这部剧并不像常规的喜剧那样以圆满的婚姻结尾，而是艾力德独自站在皇家广场的正中央。他宣布自己躲过了和安热莉克结婚的命运，“开始过为自己而活的真正生活”。

从那以后，那些今天所谓的浪漫喜剧，都不断地表达这样的观点：玛莱区年轻人的生活不同于其他地方，皇家广场是年轻人邂逅和浪漫的福地。这类代表作包括安托万·杜维尔的《下一位夫人》，以及奥特罗什爵士诺埃尔·勒布列东的《看不见的夫人》。这些17世纪剧作家笔下的玛莱区不仅仅是一条条街道、一座座房屋，他们创造了巴黎独一无二的形象，而玛莱区则是巴黎最具代表性的地区。

59

因此，到了17世纪末，有一本词典称玛莱区是“巴黎有趣的地区”。旅行指南进一步加深了这种印象。1670年，弗朗索瓦·萨维尼安告诉游客，一旦到达玛莱区，“就不想离开了”。1715年，路易·利热的《坚定的旅行家》，副标题为“巴黎著名景点指南以及如何迅速游览”，也证明了玛莱区对游客的巨大魅力。

利热自认为是最先游览法国首都的德国游客。他的旅游指南向外国游客介绍早期的游客如何游览巴黎。在巴黎的第一天，利热游览了巴黎圣母院。然而，他没停留多久，就转向了附近最大的街道圣安托万路，然后进入一家咖啡厅休息片刻。咖啡厅距离皇家广场只有几步之遥。第一天结束时，利热选择留在玛莱区。

之后，他在传统景点停留的时间更少，用更多的时间体验巴黎日渐闻名的高档居住区。他对他的读者们解释道，最好的体验方式就是去一趟玛莱区。

利热日复一日地回到玛莱区。用他的话来说，“深度”游览那里的街区。他通常走路游览。他描述自己的经历之精确不亚于一位地图制图师：当他要到圣殿老妇街就餐，他会记录右边的弗朗克—布尔乔亚路，以及佩勒路。今天游客捧着利热的书，能一步不差地游览那里。

利热很快就融入了被17世纪喜剧所记录的青年文化。他在玛莱区结识了朋友，这些朋友邀请他共享晚餐，晚上带他去他们常光顾的地方。利热爱上了玛莱区（而且几乎在那里迷失自己）。在他看来，那里就是“世界上最美妙的地方”。

在巴黎17世纪的新建筑中，皇家广场可谓最具影响力，这种影响先发生在巴黎。路易十四统治时期，“皇家广场”这个名词特指的是任何中心设有君王雕像的广场。这位太阳王分别在1686年和17世纪90年代增加了胜利广场和路易大帝广场（今天称之为旺多姆广场），之后，法国的各大城市出现了更多广场。

历史学家和旅行作家也进一步传播了皇家广场的名声。一些历史学家通过对比皇家广场的特征，向读者解释了许多古迹，比如让·杜丹和塞巴斯蒂安·勒纳安·德蒂耶蒙。在17世纪50年代末，有位亨利·索韦尔，是一巴黎富商之子，他在游览欧洲大陆主要都市之后，开始为巴黎编写历史，拿巴黎比照其他欧洲城市。对于皇家广场，他的评价充满肯定：“这是世界上最宏伟最美丽的地方”；“这是无论希腊人还是罗马人都未曾想象过的”。 60

索韦尔表达这个观点时，欧洲各国的君主也已明显认同他的看法。皇家广场成为巴黎第一座著名的现代建筑景观。就像新桥一样，这种建筑景观不再是主教堂或者宫殿。

皇家广场很快成为1556年加斯帕尔·德韦加研究都市建筑新方

向的对象。在17世纪30年代，伦敦开始效仿皇家广场的设计，并且建立了伦敦最时尚的科芬园。1717年5月，彼得大帝计划在涅瓦河畔建城，前去巴黎寻找灵感。在第一天上午8点，他在皇家广场度过。1617年，在西班牙皇室亲历广场落成仪式、庆祝菲利普三世子女订婚的五年后，这位国王着手为马德里建造民众企盼已久的城市广场。今天这座被称为马约尔广场的地方，仍能明显看到很多模仿巴黎前辈的痕迹。

61

第三章
“魅力之岛”：圣路易岛

在17世纪30年代，玛莱区带给巴黎人一种新的都市生活体验，一种高级居住区的生活，让居民充分享受城市之便利，充分享有自己的空间。今天，巴黎许多富人仍然继续享受这样的生活。

很快，另外一个新的居住区即将在巴黎的中心落成，速度如此之快，一些人形容这是“一夜之间发生的”。居住区建成后，曾有一位评论员调侃说，在巴黎建造宜人居住区的速度，远远快过宗教战争对城市的破坏速度。

巴黎的第二个居住区于17世纪30年代发展起来，其规划师充分吸取了新桥和皇家广场的经验。他们选择了塞纳河中央的一处位置，这样一来，居民就可以饱览河上风光，尽情享用最先由新桥带给巴黎的都市全景。在这片处女地上，规划师能建造许多房屋林立的地区（例如玛莱区）无法实现的居住建筑规模。这个居住区也因此带给规划师极其宝贵的机会，让他们尝试城市规划和居住建筑的新思路。这种试验也收获颇丰：这片从零起步规划和建设的街区，对巴黎成为世界最美城市发挥了关键的作用。

这首先归功于一种甚至超越新桥的建筑工程的技术奇迹。亨利四62 世开启了一项前无古人、后三百年亦无来者的工程。他在塞纳河中央建造了一座人工岛。今天，这座岛以及上面的居住区成了巴黎人和游客所知的“圣路易岛”。

今天游客们能看到的圣路易岛，是巴黎极少数几乎完全保留旧日都市痕迹的飞地。在建成后的四百年里，这里和最初建成的模样如此接近，仿佛过去的几百年都保存在时光胶囊之中。岛上的街道还是当初的布局；大多数住所几乎没有变化，仍保留最初的面貌。

今天，有两座岛是巴黎塞纳河浪漫气质的关键。其一为西岱岛，上面有巴黎圣母院和圣礼拜堂；其二却是圣路易岛。然而，自罗马时代起到17世纪初，圣路易岛曾是两座小岛，混在其他无人居住、毫不起眼的小岛中，尚未成为一块地标。两座岛屿中较大的一座为圣母院岛，63 其名源于所在的主教堂辖区。另一块岛屿名为“奶牛岛”，其名字更能显示这座小岛对巴黎城市微乎其微的作用。那里有时会有少数绵羊啃草，岛上有一些干草堆。这座岛有时会被用作决斗场，或者建造小舟。这幅1609年的巴黎地图（图1）显示，当时的这两座小岛上几乎没有房屋。

这两座岛并不相接，和河岸也没有联系。因此，此前从未进行过大型的活动；连放羊也需由渡船送到岛上。后来，一位名叫克里斯托弗·马里耶的杰出工程师来到这里，和很多开发者一样，他在波旁王朝的巴黎改造愿景中找到了自己的职业使命。

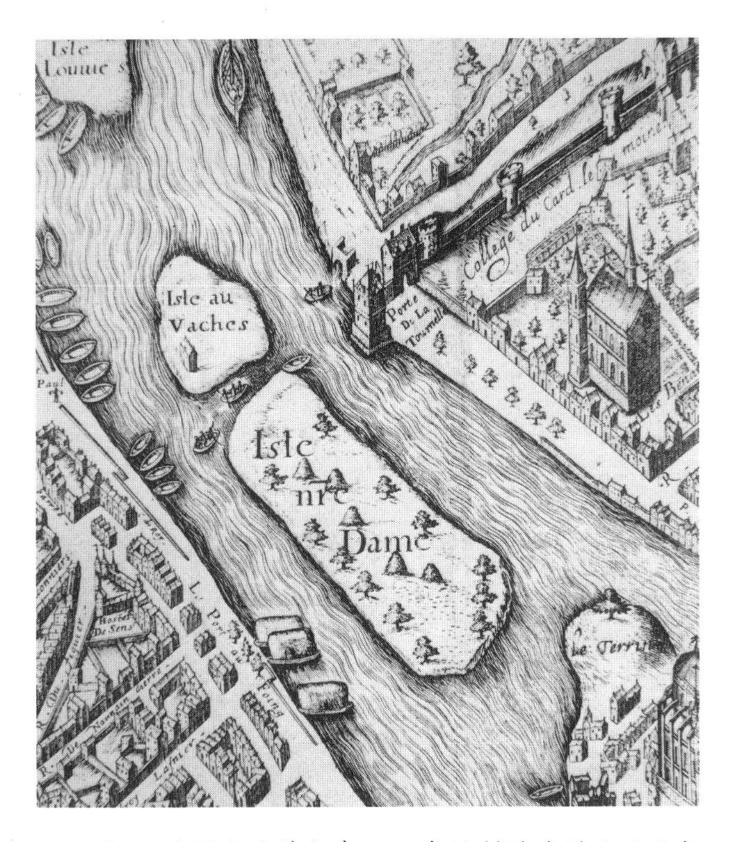

图1 这幅由瓦萨留在1609年绘制的地图显示了当时塞纳河上用于建设新岛屿的选址，以及成为该岛屿的两座小岛

在1608年3月，马里耶的一项大胆举动获得亨利四世的赏识。他主动提出一个国王盼望已久的计划，且不需要皇室承担费用。他计划修建一座跨过塞纳河的木桥，桥上能通行各种货物，从现代加农炮到更大、更沉的四轮马车。马里耶开出条件，要求获得对过桥者的收费权。马里耶的讷伊桥取得巨大的成功，他因此被任命为“本国所有重要桥梁的总承包商”。

1609年下半年，马里耶提议建造另一座桥，同样自费，不过这次使用了后来广泛使用的石块作为材料。当时皇家广场仍在建设中；马里耶提议建造的桥梁，其目的是连接这座新广场和塞纳河另一岸，进而合理地调节整个巴黎的车流分布。他的第二座桥今天仍在使用，这座马里耶桥仍然使用着开发者的名字。

对亨利四世而言，这座桥成为巴黎大改造的跳板。这位国王买下了这两座尚未开发的小岛，并且交给了马里耶。国王对马里耶提出更宏伟的目标，他想建造一座新的岛屿，一座足以作为城市规划典范的现代岛屿，并且为城市的历史中心增加一片极具吸引力的居住区。

这个项目推迟了数年之久，其主要原因，是1610年5月亨利四世遇刺（他的马车被堵在一条狭窄的街道上，刺客趁机接近并拿刀刺杀）。1614年4月19日，马里耶签订了开发小岛的合同。1615年，巴黎圣母院的参议神父突然宣布对这两座小岛的所有权。随后，巴黎政府就这座岛建设的具体事项开始了漫长的谈判。在之后好几年内，巴黎市政府不断地送出勘察员，研究地基桩柱的数量和大小，所需的桥墩，以及最合适的位置。此外，他们还研究这项河上作业对塞纳河以及水上商用交通的影响。这项工程不断扩大，愈加复杂。为保证工程的资金来源，马里耶开始向两位富有的伙伴弗朗索瓦·勒雷格拉捷和路格斯·普乐蒂埃求助。

64

在马里耶签订建造小岛的合同之前的几个月，有两幅地图发布。地图见证了这项工程给记录巴黎重生进程的人所带来的喜悦。第一幅（图2）由马蒂厄·梅里安所作，描绘的是巴黎临时的城市面貌。图上面两座小岛仍然分离，且荒无人烟；桥的外形也勾勒在地图上，象征着即将到来的变化。

让·梅萨热认为自己对这座未来岛屿的作品，既是在“绘制地图”，也是在“写实”。这不仅仅是一幅写实图，上面还有作者想象的“临时岛”。梅萨热所绘的景象，正是后来地产开发商给未来的买家提供的蓝图。梅萨热为所绘的街道命名，让开发者印象深刻；他也描绘那些尚未动工的路堤和桥梁。梅萨热提倡的，是一种理想化的未来小岛，船儿绕着小岛漂动，人们在水中游泳、嬉戏。

不过，梅萨热的构想并非空中楼阁。十年后，人们再看一眼这幅“写实”之作，就会发现，梅萨热当时一定接触过这项开发的长期规划者，因为他所描绘的岛屿和完工后的岛屿是如此吻合。

65

为了实现工程，两座小岛被合并到一块，形成巨大的地块，这块地在起初一百多年被称为圣母院岛。人们后来给这块合并的土地增加了清晰的轮廓，并用石头筑堤加固，然后将桩柱和桥墩深深地打入河底，以固定这座岛。最后，在岛两侧增加了桥梁，用来连接河岸，左边是马里耶桥，右边是托内尔桥。如此复杂的城建工程自然也耗时长久。

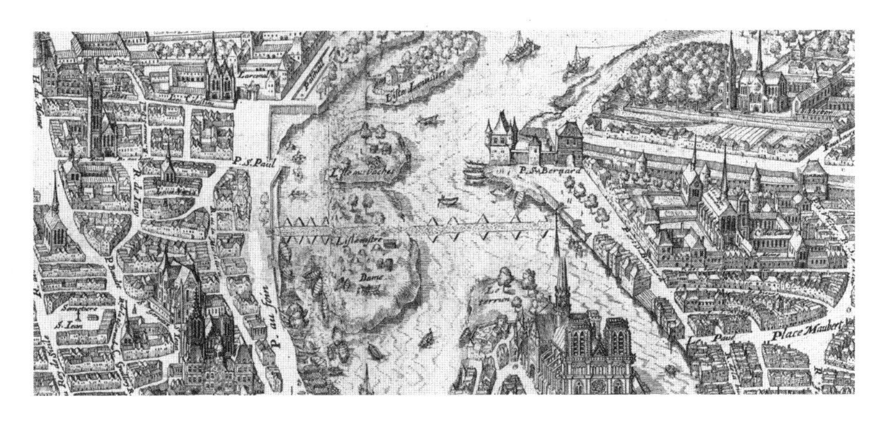

图2　1664年马蒂厄·梅里安完成这幅地图时，这座新的小岛仍处于规划阶段。梅里安用粗线大致描出这座待开发的未来大桥

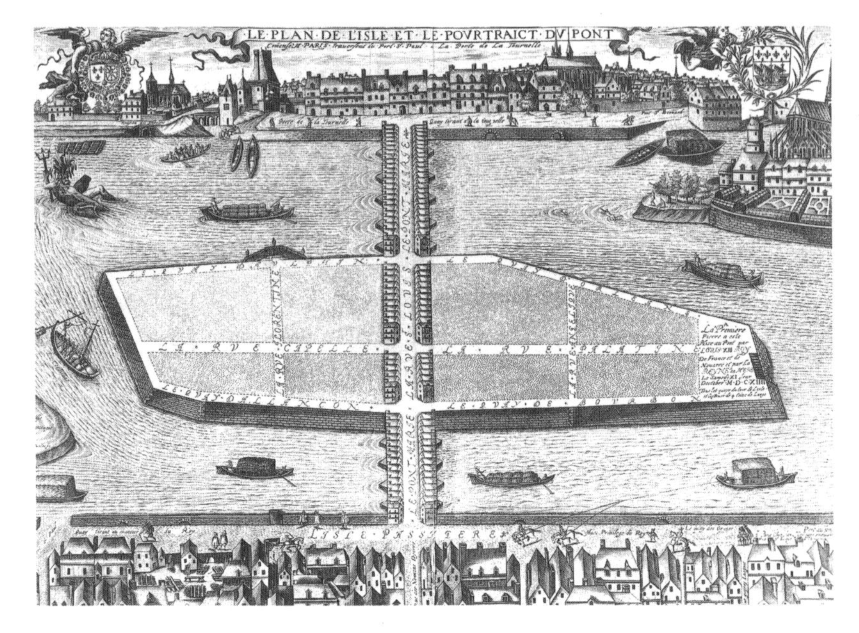

图3　1614年，工程尚未动工之时，让·梅萨热所设想的“临时岛”的地图，正是后来岛屿实际的所在

比如，直到1623年，人们才开始把这两座岛的粗糙而不规则的边缘修理整齐（早期的地图上仍能看到这种不规则的痕迹）。也直到那时候，这座岛才最终形成萨梅热1614年在地图上绘制的规整形状。这座人工岛因此有非常完美的顶点，以及两边独特的斜角。这种设计在马里耶看来，“调节了河流走向，方便了船只通行”。

小岛建好后，马里耶开始将重心转移到基础设施。在这座中世纪风格仍然浓厚的城市中央，他采纳了规模虽小但十分完整的街道网格规划。这幅小岛规划图于1728年出版，上面可看到，相比周边随意规划的景象，圣母院岛的街道都是垂直相交的。马里耶也给巴黎带来了城市大道的雏形，那就是双桥路（最初是马里耶路）以及圣路易路（起初名为“大街路”），这些街道足足有4突阿斯（25英尺）宽。（17世纪以

66

前，巴黎几乎没有超过15英尺宽的街道。）1684年，布里斯在他的经典旅游指南中表达了对这些街道的赞美之情，他认为这些街道“似乎用几何绘图工具画出来的，和河岸呈现精确的平行关系”。

街道完成后，一些便利设施开始出现。在1614年的合同里，马里耶曾承诺建造一些他认为最核心的设施，包括公共喷泉、公共澡堂、运动场、一座“手球所”，也就是现代手球场的前身。在1623年的新文件中，他还放入一些商户用以吸引住户，包括肉店、鱼店，可以购买炙烤肉

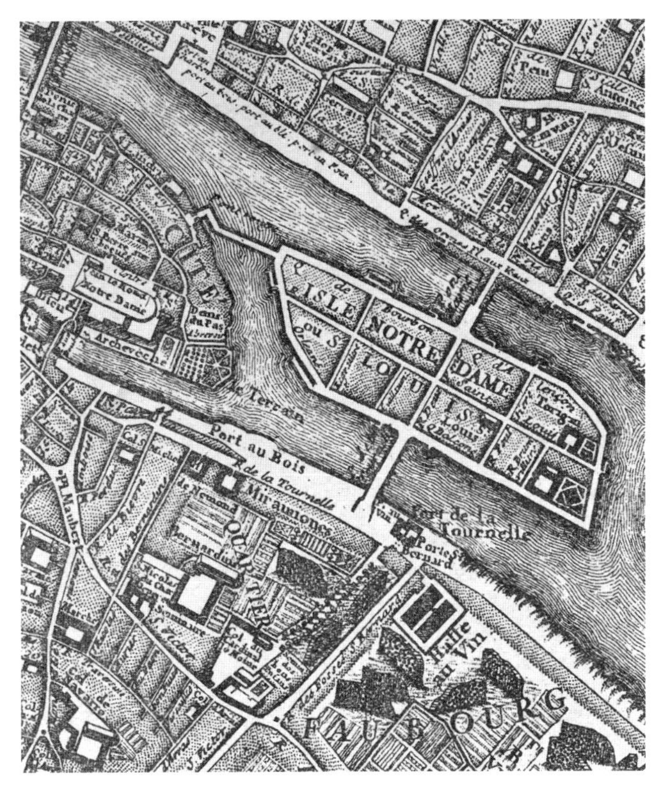

图4　德拉格里夫（Jean Deleagrive）修士于1728年出版的地图显示，这座新的小岛正在接受新的名字，也就是圣路易岛

的肉店，以及洗衣船，专门停泊在堤岸，为居民提供洗衣服务。

尽管设计新颖，规划细致，这些宽敞的新街道并没有吸引大批人前来安家。最早的定居者是巴黎的工薪阶层、商人和手艺人。在1618年，石匠夏尔·孔泰斯和裁缝让·吉勒买下了最早的两块地，占地面积均比较小。第二年，锁匠艾蒂安·步森戈以及屋顶工匠克劳德·谢弗罗也搬进此地。直到1620年，一些社会精英才开始对这里表示兴趣。那年，路易十三的顾问皮埃尔·德弗顿开始在圣路易岛上的主干道边上盖起房子。

然而，尽管岛中心的街道边开始盖满建筑，岛边缘那些最大、最显眼的区域却仍然空空如也；对仍在开发的且尚未由桥梁连接至岛外巴黎的地带，投资者保持观望态度。由于缺乏足够的销售收入，开发者的资金日渐枯竭。

1623年9月16日，路易十三判定，马里耶和他的合作者无法按期完成合同规定的项目，因此，亨利四世的儿子将这两座岛屿转交给另一位亲密助手让·德·拉格朗日。拉格朗日把路易十三核心圈子的人都拉入他的合作团队，这个圈子的人士皆来自高级金融圈，都远比最初的开发者富有。这些人中，有皇家广场的居民菲利普·德库朗热，此人即是赛维涅侯爵夫人的祖父。

不过，这个新联盟的人很清楚，实行如此宏大的规划，只有一人有如此资历。因此，在将马里耶排挤出圈子后不久，他们又将他拉了进去，按照他的计划执行造岛工程。

在马里耶的监督下，以他命名的马里耶桥于17世纪30年代竣工。1633年8月，投资者终于迎来了第一笔大交易，岛上130块地中，位置最显眼、占地也最多的一块售出。很快，这次建岛工程变成了现代巴黎的第三大奇迹，对见证者来说，这速度是魔幻的。

这位买家是克劳德·勒拉古斯，他正是开发商理想的买家。此人来自普通的外省家庭，没用几年就已成为巴黎金融界一大重要人物，人们称他为布列东维利耶爵士。（同代人私下里讨论说，“没有其他人能够在短短几年内，用光明正大的手段创造如此巨大的财富”。）他家财万贯，想建造一座和自己身份匹配的豪华宅邸。 68

布列东维利耶爵士用巨大的财富（时人估计约有数百万里弗）建造了这座岛上最早的重要建筑，其设计者为大名鼎鼎的让·安德鲁埃·迪塞尔索。这座公馆的房间由当时最负盛名的油漆匠西蒙·武埃操刀；这座宅邸位于该岛修整一新的边角，还有一座华丽的花园。这

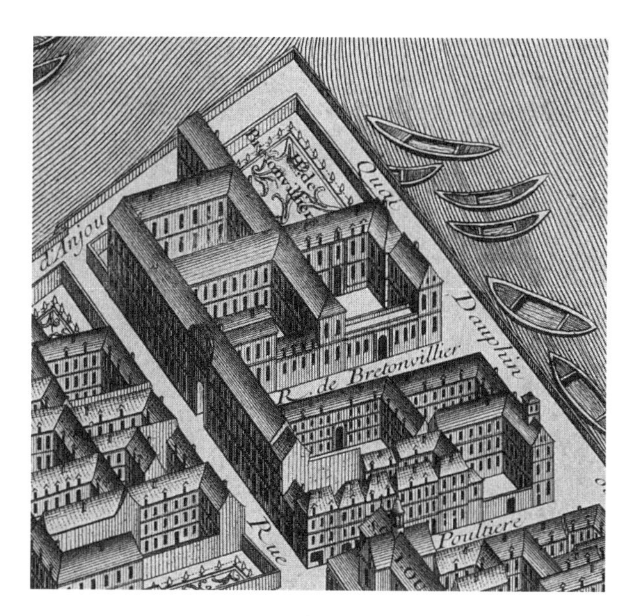

图5 这幅由布勒泰和杜尔哥绘制的地图上有公馆，也是岛上最气派的住宅（1640年完工），以及带围墙的私家花园

座公馆的工程从1637年一直进行到1640年，由此工程开启了一段新时期，虽然短暂，却让圣母院岛成为现代巴黎的神奇之地，继而成为众多传奇人物的宅邸所在。

在这个时期，国王也决定更进一步地投入“三十年战争”，而能够获取足够资金的唯一渠道，就是求助于巴黎金融界这些最富裕的国民，从他们那里获得利率奇高的短期贷款。当政府支付了利息后，其中一些富人便开始效仿布列东维利耶，把所得利润投入这座新岛上的房产。

因此，巴黎这些整齐统一而美名远扬的建筑群，也可归功于从战争 69 赚得的财富。

图6是最早记录圣母院岛快速开发的作品，上面画的是17世纪40年代初期，当时该岛刚刚建成。当时，岛上已有133座建筑，其中120座属于私人宅邸。巴黎圣母院位于该岛的左边，岛的右边，跨过塞纳河，可以望见位于画面背景里的皇家广场。这位至今不知其名的作者特地将圣母院岛描绘成巴黎和塞纳河的亮点。似乎画面上的光线，也是特地打在这座岛上的。

与此同时，剧作家们也开始记录这片奇迹般出现的新岛带给巴黎人的震撼。

在1643年创作的两部喜剧里，主人公时隔十多年后重返巴黎。在皮埃尔·科尔内耶的作品《说谎家》里，主人公为纪念从法学院学成归来，前去塞纳河畔漫步。看到几年前离开时的“贫瘠之地”，如今变成“魅力之岛”，令他不禁称奇。安托万·杜维尔的作品虚构了一位法国南方人，此人有十多年没来过这座首都，当他再度踏上巴黎的土地时，发现“仅仅过了十年，这座曾经的荒岛上已有数百座气派的房屋；已自成一座城市”。

图6 这幅17世纪40年代的作品是关于该岛最早的作品。圣母院位于左边，布列东维利耶的住所位于岛的右边角，背后是圣保罗教堂，皇家广场以及巴士底狱

这个“自成一座城市”的地方因其标新立异的建筑而名闻天下。这种创新，也只可能诞生于荒无人烟之地。

70

在17世纪40年代，巴黎一般的地块形状通常是前面狭窄，向后狭长延伸，这种形状仅仅适用建造欧洲城市已有数百年传统的住宅。在形成规模的居住区，已经没有空间开发更加现代的都市住房，无法考虑新的房间、更通畅的交通、更发达的照明。

在这座新的岛上，开发商们除了规划出异常宽阔的街道，也规划了更大面积的地块。这些地块是标准的巴黎住房的两倍甚至三倍宽。这个岛也因此成为巴黎第一个清一色房屋长宽比更小、可允许更多平面规划的居住区。这种居住建筑很快就带来独特的法式风格，它们的出现，也让岛上的街道呈现出截然不同的面貌。

由于大部分建筑都出自一人之手，这座岛的建筑整体外观也是协调一致的。路易·勒沃（Louis Le Vau）所在的法国，正处于该国建筑史上最伟大时期的开端，而他将负责设计这座岛上最华丽的宅邸。在毗邻布列东维利耶公馆的土地上，勒沃监督建筑了另一位皇室顾问的住所，此人即苏西和托里尼爵爷，让—巴蒂斯特·朗贝尔（Jean-Baptiste Lambert）。朗贝尔颇具传奇色彩的财富是近些年敛聚的，主要来自17世纪30年代贷款给皇室战争所得的利息。热代翁·塔勒芒·德罗是位专门为同时代的名流立传的作家，其语言风格辛辣讽刺、一针见血。他曾这样描写朗贝尔："拼命地赚到了无法带进棺材的巨大财富。"朗贝尔于1644年去世，那一年他的豪宅正好完工。

朗贝尔去世后，弟弟尼古拉开始邀请与夏尔·勒布朗齐名的高级装饰艺术家装修房屋内部。朗贝尔的这位弟弟更加富有，被塔勒芒·德罗称为"巨富朗贝尔"。今天，朗贝尔的住所仍然称雄于圣路易岛，可谓巴黎最气派的私人宅邸。（这座建筑一直为国际金融界领袖所有；目前属于卡塔尔前埃米尔[1]的兄弟居伊·德·罗斯柴尔德男爵。）

服务这群从不用为预算发愁的客户，勒沃在这座岛上开发出了超越时代的建筑，其内部装潢如此新颖，其影响力持续好几百年。勒沃创造了全新的布局。他引入了新的户型，尤其是椭圆形的房间。他摒弃了早期房屋里常见的多功能房间，取而代之以全新的空间，每种空间都用于特定的目的，包括全巴黎乃至全欧洲最早的餐厅和浴室。而在巴黎的其他地区，则是过了几十年，才开始模仿17世纪40年代便出现于该岛的建筑风格。

71

岛上周边地带的大多数宅邸，都是在很短的时期内，由同一位建筑师所设计，这就使得它们达成了风格上的统一。这种和谐景观的第一

[1] 伊斯兰教国家对上层统治者、王公、军事长官的称号。

要素，是最早描绘这座岛的艺术家所着力强调的白色。正是在这座圣母院岛上，巴黎开始了从木材建筑向石头和砂浆建筑的转型。

在这之前的巴黎，石头主要是用于诸如卢浮宫的皇家宫殿或者巴黎古监狱，而木材则用于私家住宅。到了16世纪后期，巴黎市政府开始尝试禁止木材建筑，以避免火灾。然而，由于木材的传统地位和价格优势，其主导地位从未动摇。一些房主仅仅是把房屋立面涂上灰泥，掩盖后面的木材。1625到1630年间，在当时巴黎最宽阔的圣安托万路上，苏利公爵建造了豪宅，引领了全新的建筑风潮。然而，就像起初屈指可数的其他石材房屋（比如桑斯公馆和卡纳瓦莱公馆），苏利的豪宅矗立在建筑群中，孤掌难鸣，更像一个特例，而非整体的一部分。

正因为有了勒沃这样的建筑师以及财力雄厚的客户，石材最后成为巴黎人熟知并且代表巴黎风格的建筑材料。这座新的小岛上的居民区形成了一片尤为显眼的建筑群。这种白色且明亮的石块不断普及日常人家，以及更为富丽堂皇的住所。这种普及也清楚地表明，巴黎正在摆脱中世纪的形象。

石材的应用，也带来建筑技术的变革。岛上统一的白色外观来自两种不同的建筑石材。第一种相对低廉，使用的是毛石，这是种粗糙或未经加工的石材，通常用泥灰或者石灰水覆盖其不规则的外部。第二种远比前者昂贵，所有河边的豪宅都有使用，这种石材通常为方琢石，即表面磨平、边缘呈方的石头。方琢石建筑至今仍是巴黎住宅建筑的特色之一，也是因为这座岛而成为主流。

白色的石材建筑改变了巴黎的面貌，外国游客很快注意到这座城市不同以往的模样。早在1644年，在圣路易岛建成不久，约翰·埃弗兰对比了巴黎和伦敦的建筑。他认为，“这两种建筑在建材上没有可比 72

性；巴黎全部是石砌建筑，无比豪华”。1644年，富家出身的意大利旅行家塞巴斯蒂亚诺·洛卡泰利称，圣路易岛是巴黎必去之地，因为其建筑“风格统一”。在1698年，马丁·利斯特造访巴黎时，注意到该世纪初的建筑都是其他材料建成的，“但现在已经完全放弃了”。到了17、18世纪之交，一位著名的英国旅行家，游遍世界各地的玛丽·沃特利·蒙塔古夫人认为，“巴黎优于伦敦之处……在于房屋皆为石砌建筑”；另一位富有的意大利航行家，尼科洛·马德里西奥也对巴黎城市景观的那种“白色外表”赞叹不已。

这座新建的岛上出现了一排排气派的住宅，尤其适合远远观赏，这也吸引巴黎人前来河边，欣赏这座“自成一体的城市”，这座拥有现代建筑的巴黎城。1649年出版的一本册子曾描写了一群人，他们聚集到河边，欣赏“如波浪般起伏的房屋，极其珍贵、无与伦比的新巴黎”的水中倒影。历史上第一次，欣赏塞纳河中巴黎的倒影也成为游客前去巴黎的理由。

而这座岛上最富裕的居民也享受这场完全属于自己的表演。

这幅18世纪创作的巴黎地图上，岛屿的一角有两座最大的宅邸，分别为布列东维利耶（右）和朗贝尔所有。这里的河水较深，水流如此之急，导致在打桩时尤其棘手。这也可解释官方的报告所说的，开发商直到1636年末还没有建好河堤。布列东维利耶也为这个选择付出了极大的代价。布里斯的指南书强调说，在这块难啃的地段，布列东维利耶投入了约80万里弗用于基础设施，而这笔巨款几乎等同于几十年后横跨塞纳河的石质皇家桥的耗费。布里斯的强调也增强了这座豪宅对游客的吸引力。

不过，布列东维利耶的回报也远非金钱能买到的。这位富人垄断了一种城市空间,即新桥建成以后带给巴黎人的临河观景空间。

自17世纪初,走在新桥上的人能够有幸欣赏到塞纳河的流水。然而,只有在上游一带才能看到完整的塞纳河全景。因此,在圣路易岛这两处最著名的住宅的第二层,沿着一侧漫长的游廊,一扇扇窗户排列组成观景窗口,能够看到“世界上最美的景色”,以及“绝不可错过的景色”。当时有人形容从布列东维利耶宅邸向外看的远景如此出彩,以至于客人“只想更好地欣赏景色”,几乎都没有留意他家中摆着的稀奇宝贝。

73

布列东维利耶的游廊长达一百多英尺,有六扇巨大的窗户,每扇窗户十二英尺高。这个游廊最为奇妙之处,是一巨大的私家观景阳台,仿照新桥上的观景台而造,而设计更为精致。观景阳台为围合式,上面另

图7 由布勒泰和杜尔哥绘制的地图中,这座岛上有133座楼房,最大的两座来自布列东维利耶和朗贝尔,几乎占据了岛的一头

有一扇巨大的窗；阳台突出，其形状如船首，两侧将塞纳河分成两股。在1665年6月，贝尔尼尼到达巴黎（他此番前来，是为卢浮宫设计新的立面）两天后，科尔贝尔亲自带着贝尔尼尼游览巴黎最可能打动艺术家和建筑师的景点，圣礼拜堂、巴黎圣母院，以及“从那去到小岛”——即圣母院岛。他们径直前往布列东维利耶的宅邸，“专心观赏周边的美景”。

74

1874年，布列东维利耶的豪宅成了奥斯曼大改造下的牺牲品。为建造一座新的桥梁（即以苏利命名的桥梁），以及一条以亨利四世命名的林荫大道，这座宅邸遭到拆除。

布列东维利耶和朗贝尔的豪华宅邸也清楚地表明，现代城市里的奢华绝不仅仅，甚至不主要是国王和达官贵人的专享。在这座新的巴黎，这些能够媲美皇家宫殿的豪宅几乎清一色属于新一代贵族，即金融界的巨头。布列东维利耶和朗贝尔的宅邸如此气派，以至于甚至改变了法语这门语言。

17世纪晚期之前，法语单词“palais”（即“宫殿”）专门形容“国王的宅邸”。1606年，词典学家让·尼科特解释说，在意大利语和西班牙语中，这个词可以形容“任何高大的住宅”，但是“法语里不允许这种用法”。1694年，法兰西学术院[1]词典第一版发行，除了传统的“皇室居所”定义，这个词还延伸出新的定义：“如今，人们也称一些豪宅为‘palais’。”事实上，从科尔内耶到布里斯，作家们已经开始将岛上的两座豪宅比作宫殿了。

所有居住在岛周围的人都想要共享这个新都市之梦。在这两座金融家的豪宅建成后十年，锻铁阳台开始出现在许多住宅的窗外。很

[1] French Academy是法兰西学术院，隶属于法兰西学院（Institute of France）。

快，那里的码头被称为阳台码头，在17世纪正式名为多菲娜码头，即今天我们所知的贝秀恩码头。（前文图7能看出名字的变更。）

“阳台码头”不是唯一一个出于大众需求而依附于圣母院岛的名字。这座岛的名字本身也是。巴黎历史学家索韦尔曾说，“这座岛通常被称作‘该岛’”，仿佛“这就是世界上唯一的岛屿”。

巴黎市政府将圣母院岛划成独立的行政区，一直到1637年。不过，尽管有官方的认可，“圣母院岛”的名称却从未深入人心。地图上有这个名字，但在头一个世纪里，巴黎人仍称之为“该岛”。

1713年，在讨论出售布列东维利耶公馆的法律文件上，这座岛仍然被称为“圣母院岛”。但是在后面十年里，这座岛获得了新的名字。1728年9月，一部专门献礼国王的喜剧《布尔乔亚学院》上演。剧中一人物提到了“圣路易岛”上的房屋。在1728年，让·德拉格里夫修士绘制的地图（图4）也确认了官方意义上的更名，这座岛的官方名字为“圣母院岛”或者“圣路易岛”。

75

新的名字深入人心。很快，巴黎人提到这个塞纳河上出现的奇迹时，不再简单称之为“该岛”，而是像我们今天一样称之为“圣路易岛”。

今天，无数的游客指南和网站都反复强调，巴黎是世界上最美丽的城市，其主要原因是城市住宅风格统一，层次分明，外形美观。人们往往将这座城市的建筑特色归功于奥斯曼男爵。然而，在奥斯曼下令拆除岛上最宏伟的豪宅之前，这座塞纳河上的人工岛已经让当时的建筑师以及业界权威（从贝尔尼尼到艾维林）相信，这就是未来巴黎建筑的秘诀，这就是美观的城市建筑的秘诀。外观整齐划一的居住建筑，代表巴黎特色的白色石材，占地较宽阔的房屋，比以前更笔直、更宽阔的街道，这些17世纪40年代在圣母院岛上最先实践的概念，到了世纪末被更广泛地应用于巴黎。

到了1645年，新桥、皇家广场以及圣母院岛，这三项富有远见的都市工程为巴黎的新都市形象奠定了基础。正是有了它们，这座城市的不凡不再仅仅因为其规模，而是因为让人眼前一亮的创新建筑。然而，这座城市尚未进行大规模的改造，而仅有的改造，也因为1649年内战爆发而搁置了将近十年。

76

第四章
革命之城：投石党运动

1643年，路易十四登基。这位年仅四岁的太阳王从前两任波旁君王中继承的，是一座在近半个世纪的和平时期实现各方面转型的都城。巴黎的第一座现代大桥，第一座现代广场，均改变了巴黎人和城市的关系；而塞纳河上熠熠发光的魅力之岛也几近完工。

到了1648年，城市的建设戛然而止。血腥与杀戮曾频频降临巴黎的街头，而最近一次，即16世纪的宗教战争。然而，在17世纪中叶，巴黎的改造却因一场别样的战争而中断。这场战争也是最早的现代革命斗争，其原因不再是宗教的冲突，而是经济和政治的问题，涉及税赋承担的问题。

约五年后，冲突结束，变革之风吹遍了巴黎的大街小巷，让巴黎人感受到法国大革命的前奏。一些商人和工人侮辱贵族和高官们，将他们从马车中拽下来，向他们投掷物品甚至石块。城市多处已成为战场，商店关门，街上设有路障，各方势力设立检查站，民兵在公共广场巡逻，时有发生小规模的战斗。人们争论是否要“拆除巴士底狱”。路易十四的堂姐蒙庞西耶公爵夫人后来写道，巴黎人很快“对街上横躺的死尸和伤者感到麻木”。

77 然而，事实最终证明，这次内战更似一次再造，而非毁灭。这次内战让巴黎人更进一步参与公共事务。为了知晓事态的最新进展，制定战略，了解伤亡，巴黎人无论男女，无论何种行当，都比以往更频繁地出入于新桥。贵族们每天每时散步于街头。他们甚至首次出现在公共场所用餐，也就是最早的论政咖啡馆，位于杜乐丽花园的勒纳尔家。支持造反的贵族们在那会面，交换战况新闻。对战争时期仍留在巴黎城内的人来说，新的巴黎身份认同（确切来说，是多种身份认同，因为不同阵营的人对战争的体验各不相同）形成于这个时期。这些身份认同都和巴黎这座城市紧密相连。

在这次起义的许多关键时刻，巴黎居民面临着共同的政治使命。而巴黎平民百姓也因此形成一股不可小觑的政治势力。1649年1月，反君主制的隆格维尔公爵夫人生下一子，取名为巴黎。一位同时代人这样说道：“人们都在说，全城上下的人都将成为孩子的教父和教母。”这次战争中，随着城市扩张，一股更强的能量产生，为人们所注意。女王的一位侍女这样形容道：“巴黎更像一个自成一体的世界，而不仅仅是一座城市，这次起义很快形成一股巨大的洪流，势不可挡。”自此以后，人们也将这座城市视为政治叛乱的温床。

事态发展如此之快，那些距离事发地点非常近的人也来不及掌握。当时的人很难知道，最新的冲突发生在哪一角落，也不知道事件的焦点在哪边。巴黎人不断地移动，迅速穿过街道，冲过大桥，用更快的节奏和更新的方式感知城市的变化。

这种想迅速、时时了解事态发展的需求，形成了现代都市中心和突发性新闻的关联。报纸和大批量生产的图像媒体诞生后，内战并非第一次武装冲突。然而，冲突期间，双方都能熟谙媒体之道，积极运用各种资源制造宣传机器，这在法国战争中属于首次。在此之前，法国从未有过印刷品如此迅速产出的时期。比如，图像不再像16世纪时那样，在事件发生后让人保留战争的恐怖记忆，而是趁热打铁，影响公众舆论。

印刷商生产报纸的速度也前所未有地迅速，而他们的读者数量也前所未有地庞大。对即时新闻的渴求，以及用于满足此种需求的媒体机器，一齐将巴黎的时钟拨快了。 78

很快，那时的读者就能看到这次媒体爆炸式发展的重大意义，并且开始分批收集和保存在街头分发的材料。如今，许多材料仍保留完好。（教皇本人就是一位收藏者，此外就是当时遭众人唾弃的宫廷首席顾问马萨林枢机。）不仅如此，来自巴黎各行各业、代表不同政治立场的人，无论是反对国王的公主，还是大权在握的官员，或是冲突时期留在巴黎城里到处打探消息的无名小卒，都详尽记录下冲突期间的大小事件，以及这些事件对城市和居民的影响。从未有一次武力冲突在结束后能留下如此多的印刷品。内战几年里产生的册子，数量为宗教战争（1589—1593）最激烈时期的四倍。

巴黎一发生动乱，便很快波及法国其他省份。这次叛乱也产生了国际影响。冲突发生时，第二次英国内战也爆发了。在查理一世遭角逐大权的各方势力囚禁的几年里，亨利四世和玛丽·德·美第奇生在法国的女儿哈丽雅特—玛丽也来到巴黎避难。玛丽也是在到达巴黎后，才得知丈夫已在1648年12月被捕。她丈夫于1649年1月30日遭到处决，而她是在2月19日才得知处决的消息。当时的观察家并没有忽略这两场内战同时爆发的事实。前文提到的那位侍女还说道："似乎国王都同样厄运当头。"许多欧洲人担心，这种革命的情绪会四处传播，并且带来一个革命的时代。

然而，从冲突最紧要的关头来看，这次战争还是巴黎特有的现象，原因来自巴黎城市的规模以及当时新产生的一些城市特征。每一份回忆录，以及绝大多数的宣传材料，都有显示各自在巴黎地图上的位置。这些作品的作者很少会忽略事件发生的具体地点。谈到出行时，他们很少会忽略具体的路线。他们也因此帮助人们了解巴黎的地理，创造了巴黎作为政治活动中心的形象。

这次内战属于巴黎特有现象，最典型的是内战最初的几年，当时巴黎舆论保持高度一致，而这座城市也明显成为叛乱的主要角色。

79

这一切，就像许多现代的政治冲突，都由税收问题引起。1648年，三十年战争浩劫进入尾声，战后的法国几近破产。皇室决定提高税收，但是遭到各方的反对。当时的收成不好，饥荒四处蔓延。法国人生活在水深火热中，而且皇室试图对巴黎高等法院成员增收遗产税，导致巴黎高等法院决定武装起义。民怨日益加深，到了7月30日，当时的摄政女王，奥地利的安妮（Anne of Austria）前去巴黎，表示要在税收问题上让步。她的一位随从发现，队伍走在街头时，"人们并没有像往常那样，欢呼'国王万岁'"。

1648年8月20日，在三十年战争最后一大战役的伦斯战役中，孔代亲王率领法军击败西班牙军队。8月26日的巴黎，人群唱着赞美歌庆祝这次胜利，时年九岁的路易十四亲临现场。就像往常一样，从卢浮宫到巴黎圣母院，欢庆的沿途都站有士兵。然而，国王安全抵达宫殿后，有三个营的军队在新桥或附近地带，准备逮捕皮埃尔·布鲁塞勒。布鲁塞勒是高等法院里最有威望的成员，深受巴黎市民爱戴。这次逮捕行动是受摄政女王指使，目的是公开“羞辱”高等法院。

布鲁塞勒被逮捕，点燃了巴黎这个火药桶。几乎在一夜之间，整座城市变了个模样。正如一位观察家说的，“这座人间天堂”一下子变成了一座军营。巴黎人用长长的链条以及大约1300个路障封闭了城市中心，路障取材于马车、木桶或者其他大号容器，里面是一切可能的填充物，上到碎石，下到垃圾。尽管人们慌慌忙忙地设置了路障，但官员兼高等法院顾问勒·费夫尔·德奥姆松宣称，这“比专业士兵的还要坚固”。

这幅版画（图1）是少数现存的关于这次战争的作品，图中可以看到，路障后面，圣安托万大门关闭。人们没有来得及精心制作这幅画，

图1　投石党的宣传中，这支抵抗军组织有序，足以对抗皇家军队。这幅1648年创作的作品中，投石党设置路障，控制住圣安托万大门

为的是尽快传播信息。路障后面的巴黎仍然一片祥和，固若金汤，也许事实的确如此。在这座人口约45万到50万的巴黎，大约有5万到10万人拿起了武器，反抗皇室的军队。

无论这场发生在8月的冲突是否是一场革命（历史学家对此仍然争论不休），这一天都是革命性的，其影响也是革命性的。几万人所展示的威力很快便促使奥地利的安妮下令释放布鲁塞勒。当布鲁塞勒回到巴黎后，人们用传统皇家礼仪举行了欢庆活动，并且在巴黎圣母院进行了弥撒。结束以后，人们才解开链条，商店重新开业。

接下来的几个月里，巴黎人仍然情绪不定。有传言说摄政女王将会采取报复行动，人们几度重新锁起链条，设置路障。然而，起初，巴黎人继续上下一心，发出一致的声音，如此齐心一致，以至于当时的人总是简单地用"这城市"或者"巴黎"指代反抗皇室的势力。勒·费夫尔·德奥姆松对"起义中市民能够一直维持的秩序感到惊讶"，他感叹"虽然没有预先选定的领袖或者执行官，每一个人却怀着同样的目标"。事实上，唯一出现的"组织和秩序"问题来自圣路易岛，这个当时建成不久的地区尚未完全融入巴黎。

尽管民众诉求在变化，有一底线条件十分明确，马萨林（Jules Mazalin）枢机必须下台。这位宰相出生于意大利，民间广泛流传此人涉嫌金融腐败。巴黎医生居伊·帕坦说，"整座城市高度团结一致，反抗马萨林"。蒙庞西耶公爵夫人称，她"从未听过任何人反对国王"，却能听到街上有人高喊："国王万岁——马萨林下台！"

民众的团结一致改变了政治格局，并且带来了真正意义上的反对派，也就是初期的公众舆论。在这样的语境下，投石党这个由反对派领袖创造的名词也被人接受。Fronde原本形容扔石头的小孩。这些反对皇室政策的人很快就创造出一个动词形式形容自己的运动，即fronder，以反抗来捍卫自己的不同意见。他们发明了un vente de Fronde（变革之风），并且形容自己是frondeurs（投石党人），为变革而斗争的人。

1649年1月6日凌晨，摄政女王终于发动了蓄谋已久的报复行动（讽刺的是，这一天恰巧也是主显节）。天未破晓，奥地利的安妮带着儿子离开巴黎，在圣日耳曼莱昂的一座皇家城堡设立了宫廷。随行的弗朗索瓦·德莫特维尔曾明确表示，反对利用巴黎人“害怕失去国王的心理”惩罚巴黎人。

然后，在国王安全地离开巴黎后，摄政女王拿出了早已准备好的手段，那就是将巴黎和外界隔绝。在1月9日，“巴黎大围城”或者“大封锁”开始了。摄政女王下令附近的村庄停止向巴黎城供应粮食，特别是面包。

她的做法反而促使巴黎人更加团结。巴黎城里，有36位亲王和贵族同巴黎高等法院签订了反对马萨林的协议。（一名皇宫的知情人说，这些人对皇室企图“谋杀”巴黎人的做法“极其厌恶”。）这些人聚集起军队防卫巴黎，并且在公共场所部署民兵，特别是皇家广场。其中一名领袖，诺瓦穆蒂公爵，带领民兵采取了更加冒进的行动：他们和敌人激战了一天，带着500辆卡车的面粉胜利归来。1月12日，他们攻陷了巴士底狱，那里的长官投降后，高等法院任命布鲁塞勒接替。由此，一位观察家指出，在“这座城市”拿起武器，解救身陷牢狱的布鲁塞勒过去仅仅四个半月，布鲁塞勒成为这个曾经囚禁他的地方的长官。

不过，这种振奋人心的时刻，在四面受围的城市实属罕见。一位挺过了这次封锁的小官吏，细致地观察了这段困难时期的两大成因。其一是粮食缺乏，其二是冬日严寒。亏得此人，今天我们能够得知，当时曾下过可怕的大雪。冰雪融化后，塞纳河水位达到了1576年以来最高值，人们撑着小船穿过玛莱区的大街小巷。到了1月23日，城里几乎买不到面包，而能买到的，价格也涨到三倍。到了2月，肉价飞涨，而鱼价则更高不可及，因此巴黎大主教允许人们在大斋节时食肉。当时，法国皇室提出悬赏，能打入巴黎并且散布“巴黎高等法院在出卖法国人”的，每天犒赏30索尔（约等于1磅肉和1磅面包的价格）。

82

即使贵族也看出形势艰难。赛维涅夫人现存的信件中，有一封的时间为1649年3月，信中她猜测，“巴黎人不过多久会饿死”。在摄政女王带着儿子悄悄逃离巴黎的时候，被丢下的人中有一位侍女名叫莫特维尔。莫特维尔孤家寡人，身无分文，在皇室撤离后，生活更加惨淡。她的回忆录揭示了那些和皇室关系紧密者在当时的悲惨遭遇。暴民威胁要“洗劫”这些人的家；这些人也不敢“公开露面，生怕被认出，小命难保”。一些富有的贵族则是聘请武装警卫，但这对莫特维尔来说则是遥不可及。因此，在皇室逃离巴黎几天后，莫特维尔和姐姐一起试图回到皇宫。莫特维尔曾讲述过自己如何到达圣奥雷诺大门，也就是距离她们最近的出城口。从她的描述可知，巴黎城内的这片最上流的居民区已迅速而彻底地沦为地狱。

在卢浮宫附近的圣奥雷诺路上，姐妹俩突然被一群人发现。两人跑到皇家士兵那里寻求保护，但是士兵们视而不见；这些士兵已经变节，转靠了投石党。

自那一刻起，两姐妹逃离巴黎之旅，立刻演变成在圣奥雷诺路上的飞奔逃命，一路经过巴黎城内最豪华的宅邸。姐妹们到达附近的、亲摄政女王的旺多姆公爵住所，但是那里的警卫猛地关上大门。而那时，这两姐妹发现人群“抠出铺在路面的石块，想要砸死她们”。于是她们跑得更快，到了圣洛克教堂，而暴徒们依然穷追不舍。尽管弥撒正在进行，一位妇女仍然袭击了莫特维尔，并大呼将她“乱石砸死，剁成碎片”。有位牧师救下了她们，并联系到其他藏躲起来的贵族，让贵族偷偷地将姐妹带到卢浮宫，受到流亡在此的英格兰女王的庇护。于是，她们一起整理生存的必需品，一起避难。

围城开始后，摄政女王的顾问向她保证，“等个八到十天，巴黎城里的人将弹尽粮绝，乖乖投降”。然而，巴黎城里的人决心如此强烈，以至于抵抗持续了三个月。到了3月30日，一支包含186位贵族和高等法院成员的代表团宣布，奥地利的安妮除了没有罢免她的头号心腹马萨林，已经答应了所有条件。次月，皇室终于重返巴黎。不过，他们回来看到的巴黎，早已不是离开时的巴黎了。

83

当评论家谈论21世纪的革命运动时，会反复强调一个词：信息流通。在1649年的围城中，许多巴黎人能够保持思想和行动的一致，靠的都是革命初期的信息流通。巴黎城内，信息能够以多种形式迅速地传播，其中一些形式属于第一次出现，在此之前，信息都从未如此广泛并且迅速地得到传播。

传统的信息传播方式当时仍然适用：人们站上演讲台（就像图2显示的，一个人站在疑似波旁国王的骑马像的底座上），向人群发表演说。不过，这幅1649年发行的版画却是用来取代传统的演说家的角色的：讲者也许一次只有一拨听众，而图像却能一次向多个地方传播。围城期间，这幅画广为流传，上面的文字写着：“投石党人鼓励巴黎人反抗马萨林枢机的暴政。”演说家手持兵器，随时准备保卫巴黎：他的手势指向河对面的卢浮宫。他的听众来自不同的社会阶层：许多布尔乔亚、头

84

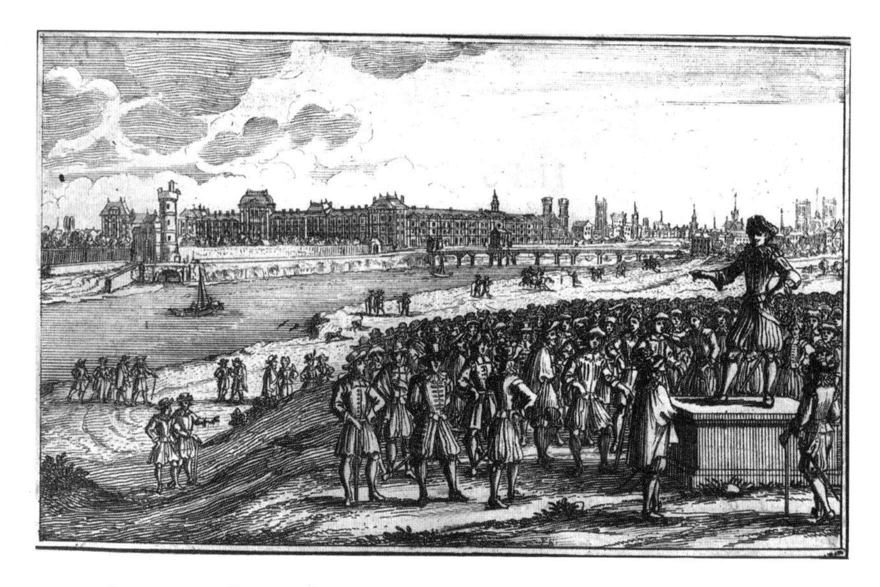

图2　这幅作品以卢浮宫为背景；图中，一位投石党人正在对来自不同社会背景的人发表演说

戴标志性头饰的官员、贵族（比如站在前面的男子，头戴有羽毛装饰的帽子，身披昂贵的斗篷）。人群后面，不少妇女也加入进来。

保皇党也有自己的图像宣传手段。其中一幅版画（图3）的场景很可能创作于“围城之后，国王归来”。图中，塞纳河上，百舸争流，欢乐的船夫们玩起了游戏，取悦在河岸观看他们的年幼国王。从这幅国王归来的画面中可以看到，国王正穿过新桥，身边跟随着卫队。图中的巴黎还是面目全新，毫发无损。队伍经过的是全巴黎最好的、铺着大卵石的新桥，并且向巴黎家喻户晓的卢浮宫进发。

两个阵营的版画都在城市不同角落出售，并张贴在一些重要的地点，供那些无力购买的人观看。新桥的一头有一些特别的柱子，实则为指示牌。一位显要的投石党人宣称，这些图像位置恰当，能够“唤起人们强烈的同情心”。此人就是后来的雷斯枢机。

85

图3　在保皇派的宣传画里，巴黎是一座未遭任何暴力侵犯的城市。图中，围城结束，年幼的路易十四骑在马上，返回巴黎，经过路面完好如新的新桥

在巴黎人看来，在人来人往的地方张贴布告，可以一夜之间“传遍巴黎各个角落”：其中一幅谴责“恶棍马萨林”的，明目张胆地贴在巴黎圣母院的门口。这幅画面用船的形象让巴黎人联想到这座城市的盾徽。上面的文字解释说，这艘船指代“拿起武器”保卫法国的首都，议会和贵族们是船的舵手。这张布告是在1649年1月8日张贴的，两天前，奥地利的安妮带着年幼的国王逃离巴黎，对巴黎的封锁也刚刚开始。这张布告似乎在鼓励巴黎人投靠船上的领袖，保卫巴黎。这张布告同时也发出信息，表明他们将会讨得圣上欢心；船的上方，飘在天上的年幼国王，身后是一位长着羽翼的角色，即“指引法兰西的

86

LE SALVT DE LA FRANCE,

DANS LES ARMES DE LA VILLE DE PARIS.

A *Le bon Genie de la France, conduisant sa Maiesté en sa flotte Royale.*

B *Son Altesse le Prince de Conty, Generalißime de l'armée du Roy, tenant le timon du Vaisseau, accompagné des Ducs d'Elbeuf, & de Beaufort, Generaux de l'armée, & du Prince de Marsillac, Lieutenant general de l'armée.*

C *Les Ducs de Boüillon & de la Motte-Haudancour, Generaux, accompagnez du Marquis de Noirmontier, Lieutenant General de l'armée.*

D *Le Corps du Parlement, accompagné de Mesieurs de Ville.*

E *Le Mazarin, accompagné de ses Monopoleurs, s'efforçant de renuerser la Barque Françoise, par des vents contraires à sa prosperité.*

F *Le Marquis d'Ancre se noyant, en taschant de couler le Vaisseau à fond, faisant signe au Mazarin de luy prester la main dans sa premiere entreprise.*

A fatale reuolution de l'Empire des Troyens sembleroit nous rendre hereditaire de son mal-heur, ainsi que cette Ville retient encore le nom d'vn de ses derniers Princes; si dans la consternation publique de cette maladie generale de l'Estat, Paris, le chef de ce grand corps de la Monarchie Françoise, si redoutable à tous ses ennemis, & qui ne peut estre atterré que par sa propre pesanteur. Si Paris ne s'estoit le premier armé pour la deffense de cette Couronne, & la conseruation de son authorité: les armes de Paris, cette Nef plus renommée que celle d'Argos, sous la conduitte d'vn autre Iason, digne sang de nos Roys, assisté des Polux & des Castor, autres illustres Argonottes, dont l'experience & la valeur nous promettent déia vn port asseuré en commançant à desplier les voiles. Inuincibles Herauts, que l'obiet du peril ne peut arrester; vous n'auez à combattre en cette celebre conqueste qu'vn Dragon, gardien de tous les thresors de la France, vne harpie orgueilleuse des despoüilles & des richesses de ce florissant Royaume, vn serpent qui se r'emplit depuis tant d'années du sang des peuples, & que nostre foiblesse laisse laschement sacrifier tous les iours à son insatiable conuoitise, à la honte de l'Estat, au des-auantage de nostre ieune Monarque, & au mespris des Loix & de la Iustice; & qu'apresent tant de sages Nectors s'efforçent de faire reuiure aux despens de leurs propres vies & de tous leurs biens. Mais le mal est si grand & si present, que l'effet du remede consiste à la diligence. Portons donc nos armes vers cét ennemy commun de tous les Estats; & tandis que nostre Prelat assisté de son Clergé porte les bras vers le Ciel comme vn autre Moïse, combattons en vrais Iosuez, & autant armés de foy que de fer, croyons nostre victoire certaine, & que Paris meritera de porter vn iour le nom de deffenseur de L'ESTAT & du salut de la FRANCE.

图4　在巴黎围城时期，反对派到处张贴类似这样的布告，既提供了信息，也掀起了舆论

神灵”。

还有一些布告则是在天未破晓时，挨家挨户地发放，一次就是几百份。就像图像一样，这些布告也很快送达庞大的受众群体，包括一些识字不多甚至目不识丁的人。许多记录里有提到公众读报的场面：一群人挤在一幅海报面前的场景，有些人大声阅读上面的信息，然后对上面的观点进行讨论。在这幅新桥的插画（图5）里，一男子站在步行道上，向约二十名听众宣读，听众既有男性也有女性。

人们不仅到处张贴印刷品，也直接在街道上分发。这是一些被称为“纸票”的小纸片，约5英寸长，3到4英寸宽，大量印刷，趁着天未破晓就发放到大街小巷。看到的人会拾起来，小心翼翼地收好，私下里阅读。纸票里经常有耸人听闻的消息，比如可能对谁进行逮捕，或者军队马上攻入巴黎。就像今天的社交媒体，这些纸票能够短时间聚集一大批受众。

图5　关于新桥的画作通常有描绘人们大声阅读的场面。在投石党运动中，这种阅读场面能帮助不识字的人了解事态的最新进展

87　革命之城的巴黎成为印刷品的海洋的另一原因是，一种将政治新闻变成娱乐的形式诞生了，这种形式就是政治讽刺歌曲（vandevilles）。

这个名词是缩写形式，大意是“城里发生的事件”，它们也确实记录了事件。内战发生之前，讽刺歌曲已经出现，却从未广泛传播。内战期间，讽刺歌曲首次被定义为一类流行歌曲，用挖苦或者煽动的方式记录时下发生的事件，听者能很快记住歌词和曲调。在此期间，巴黎人，无论贫富，都迷恋上了讽刺歌曲，并在街上哼唱。在人们心中，这些歌曲一开始就和新桥联系在一起：最早的词典条目中，这些歌曲就等于“在新桥上哼唱的歌曲”。

讽刺歌曲形式也比较简单：歌手们将最新流行的曲调改编，用最近的政治事件填词。歌手创作的速度极快，不到两天就可以把事件写成歌词。因为旋律都早已为人熟知，歌的曲调也容易记下。歌曲改编后与之前的反差（比如改编前是言情歌曲，在讽刺歌曲里，变成了对腐败的口诛笔伐），令人印象深刻。其中一首流行的民谣《醒来吧，白日做梦的人》，歌词是博福尔公爵给巴黎高等法院的致辞：“法兰西的人民，听我说……”此人是一位广受拥戴的投石党人。大街小巷，随处可见“传唱员”，专门受雇去传唱最新的讽刺歌曲。比如，有一首作品由“六名女鱼贩”创作，当时的巴黎人正在城中设立路障。仅仅在围城时期，发行的政治讽刺歌曲就多如牛毛，乃至产生了专门的热门歌曲合辑。

在发布信息以及凝聚巴黎人这点上，没有哪一种印刷形式能企及一种周期性出版物，也就是我们今天所说的报纸。在巴黎受围时期，城市无时无刻不产生着新闻，而法国新闻媒体也首次成为一种大众媒体。

手写和印刷的报纸均于17世纪上半叶出现在欧洲各国。然而，大多数情况下，报纸上往往登载国外新闻，因为当时的政府限制媒体报道可能具有煽动性的本国新闻，违反者将不予出版。在投石党运动发生前的法国，马萨林派系下的泰奥夫拉斯特·勒诺多的报纸《公报》享有垄断地位，而这份报纸主要报道官方版本的时事新闻。在布鲁塞勒被捕后的几天里，巴黎发生暴力骚乱，而《公报》刻意只用极短的篇幅轻描淡写，甚至没有提到布鲁塞勒的名字："骚动几乎还没发生就得到平息……这些事件似乎只是为了能让'国王万岁'的呼声继续回荡在巴黎。" 88

围城开始后，那些原本负责审查新闻的人逃出巴黎，新闻界进入自治状态。高等法院不断颁布命令，要求印刷商发布新闻前获得许可，但是在这种狂热时期，规定形同虚设。一种比以往都要自由的报纸由此诞生，其产生速度好比巴黎城里的路障。这类新闻专门聚焦当地和当下发生的事件，并以最快的速度产生。

新闻制作人用了一种小到足以塞进口袋的报纸格式，每份8到20页，长8.5到9英寸，宽6英寸。这种设计一方面降低成本，另一方面印刷很快，甚至只需一夜的工夫。报纸没有装订，只用一个书钉或者胶水将页面贴在一起。有的时候，报纸的后面还在写作中，而印刷的人已经在排版报纸的头几页了。

这种新的经营模式也吸引许多人投入报纸产业。

围城发生后，勒诺多跟随宫廷到了圣日耳曼莱昂，用马萨林在那里设立的报社进行保皇派的宣传。然而，由于投石党对巴黎进行入境控制，这种宣传很少能够进入巴黎城内。（不过，在2月11日深夜，一位贵族散发反对巴黎高等法院的宣传册而遭到逮捕。这类人是躲藏在面粉袋里偷偷混进巴黎的。）勒诺多的两个儿子，伊萨克和厄塞布则留在巴黎城内，开始发行亲高等法院立场的期刊《法国通讯》，这也是第一份名字本身就代表速度的法国期刊。这个名字也预示着，其报道内容将是重磅新闻。

最早的一期在1649年1月第2周（5日到14日）发行，该期的专题是深入报道皇室逃离巴黎；后面的几期则是详细讲述巴黎如何在围困中求生的许多故事，比如，巴黎市政府下令让面包师制作一磅、两磅和三磅规格的面包条，发放给穷苦百姓。

在内战的几年里，市面上发行着三十多类期刊。尽管多数并没有存活很久，却催生了信息革命。历史上第一次，巴黎人不仅有了专门报道身边之事的报纸，还能够比较不同角度的新闻。

另一种出版物是随着内战诞生的，那就是像当时的报纸一样便携的政治宣传册，这种读物被称作“马萨林纳德”，即挖苦马萨林枢机的文章，大多数这类读物都是亲投石党立场的。在这座“对新闻如饥似渴”的城市，对这类手册的需求似乎难以彻底满足。约有一千多人在各条街巷散发这类手册，嘴里喊着当时的头条新闻：“《法国政府无能》，快来看看吧！《马萨林被捕》，重大消息！”这情形就像今天街头的新闻报童。

89

在几年战争时期，共有6000份这样的手册出版，这个数值可能有所低估。在围城的后期，有的宣传册声称，仅仅1649年，该手册就发行了3500份。根据上面的预估，该册子印刷了5000份，而那个时期，500到700份已经属于大规模的印刷量了。那些受欢迎的册子甚至还会重印。其中一份手册标题为《印刷商致谢马萨林枢机》，于1649年3月4日出版，也就是围城期间。这份册子解释说，这个艰难时期，印刷商别无抱怨，他们不同于其他巴黎人。因为他们对马萨林的仇恨如此强烈，以至于“半座巴黎都忙着印刷和售卖手册，而另一半则忙着编写内容。报社从未停工，而印刷商现在也成为巴黎最好的职业。他们赚着原本该属于他们的钱”。

一些马萨林纳德和报纸相似，也讲述具体的事件。一些则是短篇的政治论述文，比如讨论“为何法国人民有发动战争的合法权利”之类的问题。其他则是一些道德上的呼吁，尤其是对正在挨饿的巴黎市民表达同情。所有文章都详细描述时下发生的事件；有一些则比报纸更加详尽，标上具体的日期和排字时间，比如“上午十点三刻”。那些最好的马萨林纳德是上乘的读物，既有政治点评，也有观点，且都是记录当下发生之事。

这类宣传册也是另一种叙述城市的手段，且塑造了冲突期间巴黎不断增强的自我意识。在相当一部分马萨林纳德的叙述中，巴黎都是中心的角色：对政治反抗的报道，前所未有地关注反抗进行中的城市。

一些宣传册中，现代巴黎的一些建筑或景点也被写活了，能借它们的口表达巴黎这座城市的状况。新桥上的亨利四世头像和其他的景点（比如他的“儿子”，也就是皇家广场的路易十三像）互相探讨这座美妙的都城。比如，在一部对话录中（图6为其扉页），亨利四世的塑像和新桥一端的萨玛莉丹塔一同对亲眼所见的“悲惨时代”表示同情。这座塔号称其牢固的钟楼已“彻底损坏”，因而“时间也已脱轨”。而铜像国王也承认，他现在也是靠着每日的《法国通讯》来大致确定“当下的时刻”。

在另外一些宣传册中，巴黎本身也发出了一种声音，并且也成为内战这个剧本的一个角色。在日期为1649年1月8日的马萨林纳德中，“巴黎这位善良的女士”选择了“巴黎高等法院这位精明的老爷”作为 90

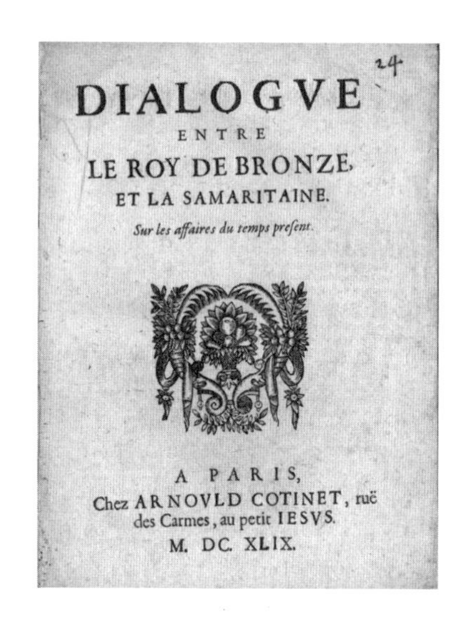

DIALOGVE
ENTRE
LE ROY DE BRONZE,
ET LA SAMARITAINE.
Sur les affaires du temps present.

A PARIS,
Chez ARNOVLD COTINET, ruë
des Carmes, au petit IESVS.
M. DC. XLIX.

图6　这本内战期间出版的宣传册里，亨利四世的塑像表达对首都所遭受的“悲苦时刻”的哀悼之情

她的丈夫，并且宣誓要让法国的财政回到正轨。在另一份围城末期出版的册子里，巴黎发出“战争期间，我不再是巴黎，我只是地狱”的声音。这些册子中，巴黎发出了前所未有的声音。

事实上，内战的几年里，这些现代世界的奇迹也迅速转变成城市的噩梦。虽说关于围城期间的平民死亡，尚没有确切的数字，但有一家报社宣称，在1652年的5月中旬，也就是食物价格高于封锁时期的几天里，约有十万人（超过五分之一的巴黎人）在巴黎街头乞讨食物，“其中，半数死于饥饿”。三个月后的一份手册曾警告说，“公共墓地已经无法容下所有的尸体，豺狼开始在巴黎晃荡”。在如此严重的危机下，教会的命令也形同虚设。巴黎的修女和牧师写信给外省的教会分会，说明“成千上万人”正在挨饿，而当时的政府却仅能提供“勉强活

命的面包”。挨饿的巴黎人每两三天只能得到一份食物，而食物的分量少得可怜，以至于有位牧师在信件中放入一块作为样品，用以告知情况之紧急。

投石党运动日渐平息。1652年10月21日，路易十四刚打完叛军，返回巴黎。仅仅过了三天，就有一组巴黎代表团写信给这位年轻的国王，正式“请求”他出手相助。这些代表估计，仅仅在这场战争的最后六个月里，巴黎就有五万多人死亡，几乎是城市人口的9%到10%。

91

在1652年5月，一位记者写道：“这个王国正在烧成灰烬，法国即将灭亡。”街道又一次被链条和路障封锁，不过，这一次，商人们并不想寻求政治变革，而只想保护自己免于团伙抢劫。巴黎不同社会阶层在过去的齐心不复存在。7月4日发生的事件正是“结局的开始”：一群暴徒袭击了市政厅，并且实施纵火，当时那里正进行着会议，探讨如何组织临时政府。投石党和高等法院的几位重要领袖死于这次袭击；民兵也杀死了许多暴徒。很快，就有谣言说，投石党的一派正在策动巴黎人反对起义的早期领袖。

在这次“市政厅大屠杀”之后，越来越多的巴黎人对起义表示不满，他们恳请国王归来。在节日欢庆期间，巴黎人习惯在沿街窗户挂一盏灯。10月21日国王回到巴黎时，巴黎全城上下的居民都在窗边挂上了“皇家灯”。

返回巴黎居住的路易十四年仅14岁。他所面对的新巴黎，虽饱受战争岁月的摧残，却绝不至于落魄。

1652年，投石党运动几近尾声，英国建筑专家、日记作者约翰·埃弗兰（他还是英国驻巴黎大使的女婿）出版了《法国的现状》。这是一本集旅行游记、指南和“励志文学”于一体的作品。埃弗兰并没有回避内战这个话题，而是强调他的一种信念。在他看来，困难只是暂时的。“(巴黎)仍然是其他城市无法企及的。”在1652年出版的著作结尾，他预测：“只要很短的时间与和平，[巴黎]无疑会超过甚至远超现有的规模。”他也预测，一些“无与伦比”的新街道和新建筑将会出现在巴黎。

埃弗兰的作品既承认了巴黎在内战发生前水涨船高的名声，同时也指出，冲突并没有对巴黎的城市形象带来不可恢复的破坏。有了冲突期间产生的新闻机器，这次内战事实上也向大众推广了巴黎这座城市。大量涌现的政治评论不断地满足全欧洲的巨大胃口。投石党的出版物提供了战时新闻，同时也起到了宣传作用，告诉巴黎人他们正在为这座伟大的城市而战，此外，出版物也夸奖了城市的景点。当时描绘起义各大事件的图像中，几乎也同时在炫耀巴黎新建的公共工程。

92

另一本在战争末期出版的作品也对城市前景表示乐观。该书的作者是一位地地道道的巴黎人，人们称之为“贝尔托爵士”。他的作品让巴黎同胞看到，城市有着生机勃勃的日常生活，从露天市场到正在摆卖的衣服，包括各种各样偷来的斗篷。不同于巴黎人过去四年读过的期刊和宣传册，贝尔托的作品只字未提战争和城市。事实上，贝尔托的作品里只有一次提到了投石党。在该段落，一个二手衣服贩子低价转让战场上遗留的一件衣服，为了保证货真，贩子指出了衣服中间的“子弹孔”。贝尔托想要表达的意思十分明显：即使战争尚未完全结束，但投石党运动已经成为历史的一页。

事实上，在围城末期，印刷商已经开始把最畅销的马萨林纳德做成合辑出版。过去为巴黎人更新消息、争取人们认同的政治手册又一次获得了生命，让人们保留对旧日事件的记忆。

路易十四不遗余力地让这场内乱成为过去。对此前反对他的权贵，他禁止他们进入宫廷。而且他不再愿意唤起对战争的回忆。这位未来的太阳王找到了更加微妙的手段，表明过去并非彻底遭人遗忘。

1660年夏天，路易十四娶了西班牙的公主，这次婚礼在西法边境举行。国王和新娘回到巴黎的路途中举行了一场华丽的入城仪式。这次活动也广泛地向各地宣传，甚至被用作1661年官方年历的封面，似乎宣示，巴黎不会马上遗忘这次大型仪式。

国王选择让巴黎人庆祝联姻的日期是8月26日，而在1648年的这一天，另一场街头游行之后，巴黎圣母院进行了弥撒，之后便是布鲁塞勒遭捕。居伊·帕坦是巴黎的一位知名医学专家，常和欧洲科学界的大师有来往。在他看来，“巴黎高等法院的人必然能够看到，这次仪式更像是一次救赎，一次惩罚，而非一次华丽的游行”。

投石党也许被官方所遗忘，但是从内战中吸取的教训让巴黎获得了新的形象。战争期间为传播信息而产生的技术，无论是海报还是纸票都继续沿用，尤其在广告上。比如，在1657年3月，超过两万张纸票发行，用于宣传生蚝的优惠价格；类似的宣传活动也用在推广巴黎城里萌芽的奢侈品产业。内战让巴黎人认识到信息流通的重要性，城市因此成为一座广告之都，一个能迅速有效地推广创新成果的变革中心。

93

巴黎也获得了另一个名声，成为一座敢于抗争的城市，一个革命思想的摇篮，一座敢于挑战固有观念和刻板价值体系的首都。自18世纪之初起，这座现代城市催生了启蒙运动，即现代史上最激烈的思想变革，一直持续到该世纪末。

到了1772年，历史学家和新闻记者让—巴蒂斯特·梅利撰写五卷

图7　在这幅1661年的官方年历上可以看到，在投石党运动结束后，皇家军队胜利回到巴黎

本作品，描述了投石党运动的政治历史。他将投石党描绘成法国大革命爆发前几年“动荡”的前兆，以及“一场引发了史上最重大的、改变政府性质的革命的战争”。在“革命时代”，也就是1789到1848年，梅利的先见很快得到了验证。这个时期见证了许多国家的君主制和一些长久传统的终结。在这期间，巴黎是这些革命的震中，也是重塑欧洲世界的革命思想的摇篮，而城市再一次因接连三次革命而分裂。

其中，第三次革命发生在1848年。这次革命推翻了法国最后一位国王路易·菲利普。过了不到十年，由奥斯曼男爵发起的第二次巴黎大改造开始了。而奥斯曼的大改造，其核心指导思想，也来自投石党运动的余波。而投石党运动也是巴黎史上第一次现代意义的政治抗争。

有人说，路易十四绝不会忘记，巴黎人曾反对他的君权，因此把精力全部投在凡尔赛宫上，忽略了巴黎这座反叛的都城。但这个说法忽视了巴黎历史上最重要的时期，也就是1660年后的十二到十五年。从那时起，这位太阳王和由大臣以及公务员组成的卓越团队一起启动了一些大胆的计划，其中包括两项巴黎的特色工程：林荫大道和明亮灯火。在投石党运动结束后不到十年，这位年轻的国王开始对首都进行现代化改造，而进度也不像之前两位波旁国王那样，一次只进行一个。他开发出了一种被称为“宏伟构想”的计划，对城市上上下下进行全面的规划。

约翰·埃弗兰在1652年的预言因此很快成真：“美得无与伦比”的街道穿过城市，而巴黎这个名字也前所未有地和城市规划紧密关联起来。

第五章
敞开之城：巴黎的林荫大道、公园和街道

路易十四绝不会浪费时间，他也绝不止步于眼前的目标。为了扩张法国领土，他发动了许多次战争，1667年为了争夺西属尼德兰的遗产战争则是其中的第一次战争。路易十四的多次征战重新定义了巴黎在法国的地位。1705年，第一位巴黎城市规划历史学家尼古拉·德拉马尔解释说，巴黎在此之前几乎“位于法国的边界”，而路易十四的一次又一次胜利后，巴黎移到了“王国的中心”。

于是，这位国王开始打造一个边疆国防体系。塞巴斯蒂安·勒普雷斯特雷·德·沃邦是历史上最伟大的军事工程师之一，他为法国边界围上一圈防御堡垒，其技术如此先进，很长一段时间里都被视作固若金汤。工程也耗费巨大。这样的国防工程，其开支几乎是路易十四在位期间巴黎、凡尔赛以及其他皇家宫殿等所有城市建筑总和的四倍。然而，如此巨大的花费，也使得路易十四能将都城改造成一座新的城

市。他也因此成为第一位全面重构巴黎的法国君主。

在1669年和1670年，巴黎历史上最雄心勃勃的公共工程项目的基础工程启动。这是一个大胆之举，是巴黎发展的关键转折，也代表了世界城市历史上极具新意的思路。当时的其他欧洲城市，被堡垒城墙四面包围，几个世纪来一成不变，另一些城市，则是不断增加新的堡垒（比如1671年的荷兰哈勒姆），而路易十四则是决心重新塑造巴黎。 96

这位皇帝没有像很多人提议的那样，建造一堆杂乱无章的防御工事，而是宣称，法国在军事上如此强势，巴黎不再需要包围在层层防御之中。他下令拆除巴黎的所有城墙。部分城墙是他父亲在位时期建造的，而另外一些则建于14世纪，即查理五世在位时期。路易十四的这个决定，似乎对中世纪的巴黎敲响了丧钟。

路易十四统治时期，巴黎无须担心外族侵略。这个国家不断拓展疆界，又不断巩固这些疆界，保护巴黎免受入侵。直到1814年俄国沙皇占领巴黎以前，外国军队从未成功踏上巴黎的土地。

巴黎这个时期始于1670年，终于1784年。1784年，专门负责对进口产品征税的包税人建议路易十六建造一堵新的城墙，以控制进入巴黎的交通。而自罗马人建城到1920年间这115年是巴黎唯一没有围墙包围，没有对外封闭的时期。这个时期的巴黎是一座敞开的城市，这是当时的欧洲人无法想象的。

这位国王用平行排列的榆树替代了堡垒，被他称为“环绕城市边缘的树木堡垒”。这堵绿色的墙很快有了新的任务，那就是用作宽敞的步行道或者散步空间，宽度超过120英尺，如一位设计建筑师形容：“沿着直线延伸，一眼望不到尽头。”在此之前，从未有任何城市如此专注于打造这类空间，服务于民众的日常消遣。这种步行道对当时的人们来说，可以算是最宽敞的消遣空间了。

当时仍然年轻的国王汲取了新桥和皇家广场的经验，让巴黎每一个角落的居民有机会享用这座首都。1600年，巴黎尚未出现公共的步行空间。然后，随着新桥竣工，巴黎人见识了步行道，有了新的步行游览城市的体验，而后来的皇家广场则给巴黎人带来第一个用于消遣的空间。路易十四把这些理念运用到整座城市。到了1700年，巴黎已经成了史上最早的步行城市，步行不再是一种交通方式，而是一种娱乐。

这堵绿色城墙也让巴黎对乡村以及绿色的风景敞开。在18世纪80年代，税墙建成后，巴黎人抱怨城市被这堵墙封闭了，不再能欣赏城外的树林和田地了。

宽敞的步行道定义了路易十四时期的巴黎。在历史学家德拉马尔看来，这些步行道让巴黎成为“专营乐趣之所”，一座能让人们找到一切和现代都市文化相关的娱乐活动的平民城市，从歌剧到舞蹈，从购物到美食，一座人们只要街上走一走就能找到娱乐的地方。

97

早在1660年8月，在路易十四和新娘返回巴黎之前，他对这座城市便有明确的构想了。在那之后约六个月，他开始规划他统治时期以及内战之后的第一个重大节日，并且将皇家广场纳入这次庆典。人们预计，这将吸引无数观众。一位记者估计当时约有十万以上的人观看国王“收复”巴黎。当时羽翼未丰的国王决定，巴黎需要大改造，且“立刻执行”。他在3月15日颁布法令，规定所有通向皇家广场的路线“全面开放”，以此保持入口“畅通无阻”。这位国王想要确保参加庆典的人能够饱览广场的景象，以及交通顺畅。这份1660年的谕令也凸显了路易十四城市规划的风格：城市对外敞开，街道两边加宽。

1661年，马萨林去世后，路易十四掌握了更大的权力。到了1665年，他和掌管皇室财政的让—巴蒂斯特·科尔贝尔找到了新的思路；在之后的近二十年，他们一直配合得天衣无缝。在合作之初，科尔贝尔写信给国王，阐述了他的君权理念，并探讨了后世评价君主功过的标准。当时，路易十四正热衷于在凡尔赛兴建宫殿，科尔贝尔提醒说，凡尔赛宫只能是他的私人“游乐宫”，仅仅是个人乐趣。要想成为明君，名垂青史，应该专注一件事，那就是实现“宏伟大业”，以及能够衡量“宏伟大业”的两个因素：“令人称奇的”军事胜利，以及让巴黎成为新时代罗马的“伟大公共建筑”。

尽管国王完全没有停下凡尔赛工程的意思，他对巴黎还是投入了大量精力。他将巴黎的城墙改造成绿树成荫的步行道。在路易十四长久的统治期间，有许多宏大的都市工程，然而无论在规模、历时，还是长远影响上，都没有哪项工程能比林荫大道更体现他对这项宏伟大业的投入。

改造工程于1669年启动，原因诸多。此前一年，国王的亲信，高等法院的法官兼顾问克劳德·勒佩勒捷被任命为商会会长，也就是实质意义上的巴黎市长。同一年，当时最具才华的建筑师弗朗索瓦·布隆德尔（François Blondel）从西印度群岛（路易十四派他去西印度视察法国在新世界的财产）回到巴黎。布隆德尔是法国重大军事工程和民用工程的建筑师，后来成为巴黎的首席建筑师，也是法国皇家建筑学院的首任校长。自1669年起，布隆德尔掌管巴黎城市的公共工程。在科尔贝尔大力支持下，以及在国王、市长以及专家的协同努力下，旧城墙改造成绿色步行道的计划得以成功推行。今天世界大城市里的每一条公园道路，每一条大道，追其根源，均来自巴黎在1669年奠基的绿色城墙。

98

参与这项工程的人都清楚工程意义重大。如果只是说他们留下了不少书面记录，那么对于他们留下的大量谕令、委任书、法令，以及出版物来说，将失之公允。在巴黎的历史上，还没有任何一项城市工程能够引发如此狂热的出版大潮；而现代城市在早期的发展历程中，受到如此详细研究的也寥寥无几。

这些开发者很快就意识到，只有将环城大道融合到四通八达的街道网络中，这条大道才能充分发挥它的功能。长期看来，巴黎城墙的变化也因此引发了城墙内整个城市的规划变革，形成了系统又综合的城市总体规划。这也是巴黎第一次大规模且有计划的改造。

路易十四在1660年“收复”巴黎时，其布局仍然是中世纪时期的，大多数街道其实只是小巷，又窄又暗。在布劳恩创作于1572年的地图（图1）中，可以看到这些前现代街道的有限功能：这些街道只允许居民和邻居互通有无。事实上，在17世纪，法语单词rue（街，道路）指的是“任何房屋之间或者墙之间的走道”。17世纪后期的字典明确表示，“街道”的定义已不同以往：“在巴黎，旧有的走道被打通或者加宽。”这些字典进一步建议读者，“在巴黎城里应该多走走大路”，不到一百年，巴黎的重建过程让街道的概念发生了改变。

16世纪晚期，当巴黎市政府首先提出要修建更宽敞道路时，15英尺以上的宽度在当时看来算是宽阔的。到了1700年，法国皇家建筑学院开始确立新的标准：学院成员决定，21英尺的宽度是“绝对最小值”。99 几年后，德拉马尔指出，“巴黎街道的平均宽度为30到32英尺之间”。

亨利四世只为巴黎增加了几条街，而这些街道并没有服务到更大范围的巴黎，他的孙儿则是下令建造了一个个都市单元，使巴黎从中世纪城市转型为现代城市。17世纪70年代，在皇室的指挥下，一系列类似并且互相关联的工程诞生，这些工程都能证明，路易十四和他

图1　在1572年版的格奥尔格·布劳恩地图中，16世纪巴黎的巷道仅能满足邻里之间而非整座城市范围的走动

的规划团队已经有一条街道的模板，并且在如何使巴黎市区交通流畅上，也有自己的构想。每一道谕令都专门涉及一条街，即官方认为“太狭窄”“宽窄不均”“不够笔直”的街道。巴黎上下，一条条街道被打通，调整宽度（同一条路，同一宽度），定线（“建筑立面调整成直线”）。不同的街道互相连接到一起，新的街道建成，形成轴线，保证城市“两方向都能同时通过车辆”，以此“缓解拥堵”。在那些能够促进“商品和物资运输”的新街道上，新的工程正开展着，“方便巴黎人的生活，促进城市商业”。

19世纪巴黎第二次大改造中，城市遭到全面破坏。也许17世纪的这次城市大改造过程中最令人赞赏的，是没有带来类似的破坏。17世纪巴黎的建筑师有更多自由发挥的空间。对这座人口众多、年代悠久的首都，他们不需要像19世纪的同仁那样，以现代化和都市重生的名义摧毁、再建。相反，多数情形下，他们能够在空地上新建房屋。不过，

100 即使一些建筑阻碍他们执行规划，他们也会再三考虑，尽可能采取两全其美的措施。

碰上必须拆除公共建筑的情形（也即历史建筑保护的难题），巴黎当时的建筑师会仔细研究，以确定这些工程的建筑亮点。因此，因为圣安托万大门的双大门上有16世纪著名雕刻家让·古戎创作的“精美的浅浮雕”，其中一座拱门上有“独特的设计”。布隆德尔决定拆除一座，保留另一座，这种新旧结合得到了广泛的赞誉；一位18世纪的巴黎城市史学家认为这是“巴黎最成功的大门”。

此外，在那些需要拓宽的狭窄街道上，城市的检测员也得到命令，留心任何“尤其古旧”和（或）破旧的房屋；如有发现，便抓住机会将这些危房拆除。未发现这种情形的，则让街旁的居民搬离，并委任专门的机构，决定补偿房主的力度。有些情况下，房主会试图反抗拆迁活动；但他们绝无机会阻挠巴黎的现代化转型。

到了1672年，街道拓宽这种起初用来改善交通的做法获得了一个新的名义：“国王陛下希望为巴黎这座城市增添色彩”，“将巴黎改造成法国最美丽的城市”，并且“全面打造世界第一名城”。自此以后，美学和实用主义的考虑相结合，驱使着这座城市的再造工程。

这种综合考虑十分显著地改善了巴黎的街道。在17世纪以前，巴黎几乎看不到一条铺着大卵石的道路。在17世纪，用卵石铺路成了一种惯例，而这种石头也有了专门的尺寸标准（7到8英尺正方，8到10英尺厚），并产生了后来一直被视作典型巴黎风格的大卵石。

自城建初期起，这些大卵石便发挥对巴黎之美的关键作用。在17世纪60年代前，巴黎市政府只是简单地鼓励私人房主清洁家门前的地方。但是到了1665年11月，媒体报道中出现了官方的街道大扫除的动员："四千多人开始打扫我们这座美丽的都城。"新闻记者阿德里安·佩杜·德叙布利尼说，国王在战事途中抽出时间，视察巴黎规划工程进度，并且决定进行这次扫除工作。次年，另一位记者则是宣称："现在，路面的大卵石明亮光滑。"

他还说，在国王巡视街道的时候，对明亮光滑的路面"大为赞许"。然而，国王的这次视察并非特例：在总体规划执行的这些年里，有多位记者记录，看到国王像巴黎平民那样"徒步走遍整座城市"，以保证巴黎可以成为"人人都能怡然自得地行走的"城市。

如果缺少了步行道这种现代城市最明显的标志，国王的宏伟计划就难以实现。尽管步行道在新桥上的首秀取得成功，这个概念却没有很快在巴黎的街道上得以实施。不过，这个新发明也未遭人们遗忘。

法语单词quai今天仍然指代塞纳河的河畔地带。这个词最早出现于1636年。当时圣路易岛的建设正值鼎盛时期，巴黎市政府正讨论这座新岛对面的巴黎右岸，并且宣布在右岸增加一条由石块铺就的道路，既可以发挥实用功能（尤其是装卸由水路运到巴黎的商品），也可让巴黎人能"轻松自如地散步"，同时欣赏河边风景——包括这座新建的小岛。对这片新的空间，他们命名为"修士码头"。1636年，这块河岸地带仍然未经开发（见第四章，图2）。这个新词汇"河畔"则表明，当时的人们已经发现河畔的重要性。事实上，在17世纪，每一片河畔地带开发之后，便产生了用于沿河散步的空间。

起先，这些塞纳河边专门留给行人使用的空间被称作banquettes，类似新桥上抬升的步行道，或者marche-pieds（"走道"）。1704年10月，国王下令，调整卢浮宫附近的格雷努耶码头，并且在上面铺设石块；这份谕令还提出建造trottoir（人行便道），也就是在这里首次出现并且后来很快成为步行道的法语词汇。1707年8月，当国王下令建造奥赛码头时，计划中也提出建造约9英尺宽的人行便道，以“提供居民一片散步的空间”。

当巴黎的改造工程到达鼎盛时期，另一位建筑工程师，也就是布隆德尔的徒弟皮埃尔·巴勒也被委以重任。巴勒很快担任了巴黎首席建筑师。此人先是在环城大道附近修建一系列雅致的街区建筑，包括今天的巴黎丽兹大酒店，此后事业飞黄腾达。1672年，巴勒几乎是走遍了每一条街，视察过每一座房屋，评估当地的基础设施。在路易十四的命令下，他和布隆德尔一起开始绘制新的巴黎地图，以帮助协调这座城市越来越宏伟的规划。

102

他们的地图即今日人们所知的巴勒—布隆德尔地图，这幅地图很好地记录了巴黎发展历程中的重大时刻。当时的人称赞其为最精确的地图，这种精确的原因很简单。对地面的房屋及其他物体进行评估时，巴勒发现，在“过度臃肿的城市中心”，绘制地图十分困难，因为绘图人必须“测量一些无法测量的直线”。因此，他发明了新的“几何工具”，命名为“pantomètre”，一种能够测量所有物体的工具。

不过，巴勒设计这幅新地图的目的，远远不仅是测量。早在制图前期的考虑中，各方都认识到，需要直观地呈现巴黎发生的变化，包括地图上已经竣工的，正在施工的，还有仍处于规划阶段的项目。他们需要借此保证，随着工程不断向前推进，一些最初的计划仍能够醒目地呈现。

地图通常会以各种方式融合现状和理想的状态；比如，制图师也许会呈现一些夸大的特征，以此起到突出效果。《巴黎地图，包括美化城市、更加便民的公共工程，以及国王陛下期待的一些工程》，正如巴勒和布隆德尔的地图标题所揭示的，两人的地图上是不同状态的特殊结合：

即巴黎的现状和巴黎未来的形象。这个标题也明确表明，巴黎在这次重塑过程中，不需要破坏现有的版图。这座巴黎人所知道的巴黎，将在城市周围或者现有的建筑之间增加新的都市区域。

在这幅描绘皇家广场和周边地带的规划图中，巴黎当时和未来的状况十分清晰。暗色的实线表明现有的街道，许多都是近期建成的，用于连接广场和新建的步行道。广场的右后边，在城市的边缘，暗色的双重线表示在旧城墙的位置种植的树木。上左位置，单色的虚线则是代表围墙的另一部分，以及将其连接至玛莱区的新街道。这里的公共设施已经规划完毕，但尚未实施。

在巴黎的市政厅陈列了一幅这样的地图，其目的是征求大众意见，了解巴勒所说的国王的宏伟构想或者巴黎总体规划是否受到认可。

这幅地图的影响范围远不止市政厅。如此多的人想要瞧一眼巴黎的总体规划，以至于在1676年8月8日初版后一个月，第二版地图也出现了。这幅地图不断地被人们重印，而巴勒和布隆德尔也不断地对之进行更新，一直到1686年初布隆德尔逝世。

103

所有参与工程的人，从国王到建筑师，都用文字描绘地图，往往充满丰富的细节。这形形色色的描述尽管针对不同的读者，表达的目标却是相同的，即宣传这座城市的再造过程。每一种描述也在宣告，巴黎即将迎来新的时代：这座城市之所以伟大不仅仅因为它的面积广阔，而因为它向外敞开，还因为它的“公共工程多于世界上所有城市的总和”。

这些评论也专门强调护城绿化带的重要性。描述中，这种“城市令人愉悦的环城大道”或者“公共的步行空间”是“美化”巴黎的关键。这条环城大道也成了“伟大构想”的核心要素。

他们的描述中宣传的成分居多。布隆德尔形容这个环城路为“世

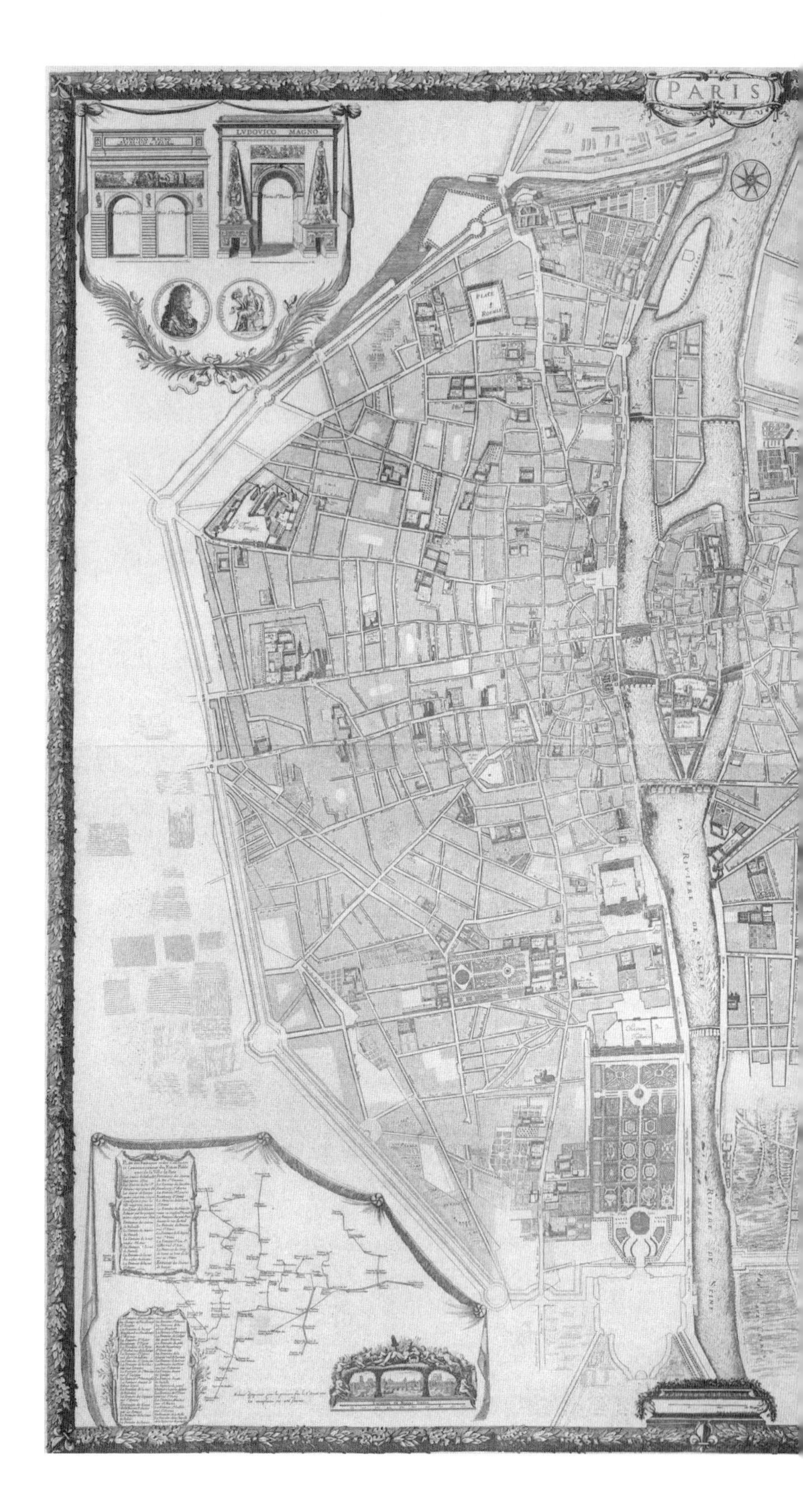
PARIS
LUDOVICO MAGNO
PLACE ROYALE
LA RIVIERE DE SEINE
RIVIERE DE SEINE

图2　为了指导巴黎的新一次规划，路易十四在1676年发布了由巴勒和布隆德尔绘制的地图。这幅地图陈列于巴黎市政厅，一直使用到1715年

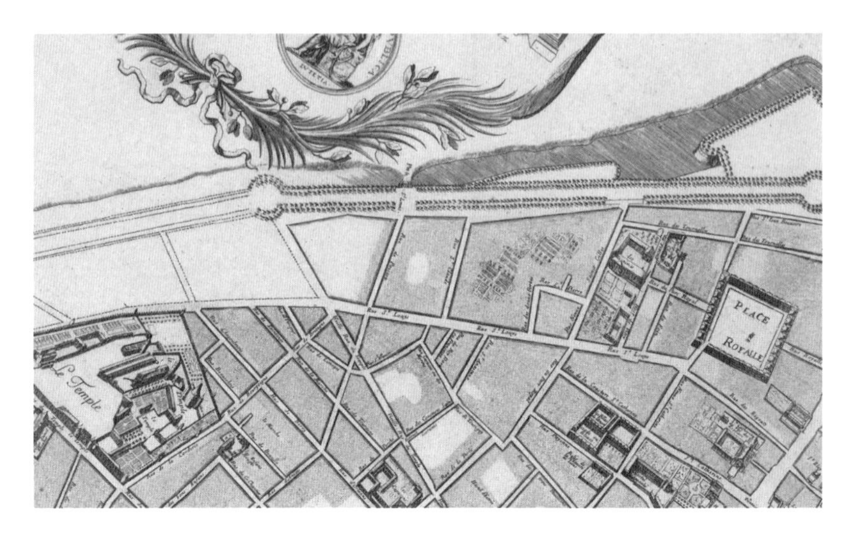

图3　巴勒和布隆德尔用黑色的实线表示现有的街道，用淡色的虚线表示已经规划但尚未动工的街道

界上最重要的公共工程”。巴勒十分肯定这“环城路无可匹敌”。路易十四的喉舌团队在此发挥了重要作用。1676年夏天，巴勒和布隆德尔的地图出版，地图上的图像还附带着两份由国王亲笔签名的文件。其中一份写道：“古罗马人相信，只有为帝国征服更多领土者才有资格改造罗马；……鉴于法国的边界已经越过莱茵河、阿尔卑斯山、比利牛斯山，路易十四能名正言顺地昭示天下，为他的首都增加一条美丽的新环形道。”另一份则是这样结尾：“巴黎公共工程规模之大，外形之美，今日的各国人民，未来的子子孙孙，皆可领略法兰西之宏伟，太阳王之英明。”

大量证据表明，国王和市政官员都十分重视这幅后来人们所简称的“地图”。在1684年11月4日的皇家法令中，国王对建成的步行地带表现出明显的赞许。另一份1704年10月的谕令表明，巴勒和布隆德尔的地图仍然是国王绝对的参考材料，因为国王曾责备市政厅官员没有完成地图上标出的工程。在1715年12月的一份由“路易十四和摄政奥尔良公爵”联合签署的告示显示，尽管“殿下要求绘制巴黎地图，以便我们能够时刻谨记他的愿望”，1704年的谕令的任务仍未完成。1715年9月，路易十四去世后三个月，巴勒和布隆德尔出版地图后四十年，这位国王的继任者仍然将“地图”视作官方的巴黎规划蓝图。

那些反复提醒人们瞻仰这幅地图的文字也表明，即便太阳王本人极其想要迅速改变城市的面貌，现实也无法如他所愿。理论上，建立一片广阔的消遣空间轻而易举。原有的壁垒可以迅速变为碎石和尘土，碎石可以填补护城河，而原本用于巩固壁垒的泥土则可用于种树。但是，工程规模如此之大，建筑师一路上总是碰到障碍，且在这次规划中，障碍可谓不小。比如，在17世纪80年代初，在建筑师们的工程进行到右岸步行道的中间点时，也就是今天靠近加尼耶剧院处，他们向路易十四汇报了路面上的小丘：“许多块土墩都需要推平。”

他们所提到的这些土墩外形巨大，即17世纪的绘画里的小山丘，最高的部分甚至建有房屋；丘顶上是一排风车。事实上，这些山丘是大型的垃圾场或垃圾堆。在巴黎还有围墙防护的时候，许多居民就是简单将垃圾往墙外一扔，眼不见，心不想。几个世纪以来，这些土墩不知不觉地堆高了起来。后来城墙被推倒，路易十四表示这些土墩“对散步在环城大道上的人而言，大煞风景”，于是很快颁布命令，借此改变巴黎人久积的陋习。每个社区必须专门指定巡查员，并由巡查员直接向执行环城大道的负责人汇报。这些巡查员通常会反复走动，确保“周边不再有任何垃圾”；任何人乱丢垃圾，一经发现，罚款500里弗，并且扣留房屋和马车——而那时候大户人家的主厨，年薪大约是300里弗。

107

此外，还有一些维护问题。巡查员会留意一些不利于轻松散步的坑洼地段，并且填补这些坑洼处。如果发现气味不对，就会增设排水系统。另外就是新种植的榆树。这些看管榆树的人主要负责两件事：一类就是留意擦过树干、留下划痕的马车；另一类就是马匹啃咬柔嫩的树叶。政府因此发布法令，发现“破坏树木”行为者，罚款处理。

此外就是如何进入环城步行道的问题。从1670到1671年，法国宣布建造几条新街道，以皇家广场为起点，连接至圣安托万门附近的环城道的最初延长段（图3）。随着环城路不断延伸，道路两边也建起了新街道。1672年4月，规划团队主要考虑的是从玛莱区北面（靠近今天的斯特拉斯堡—圣丹尼斯）到环城道的入口，到1700年6月，路易大帝广场，即今天的旺多姆广场，也进入城市版图。对这座新广场和周边街道网的规划也正在进行，以“方便这个地区的居民进入环城步行道”。从这

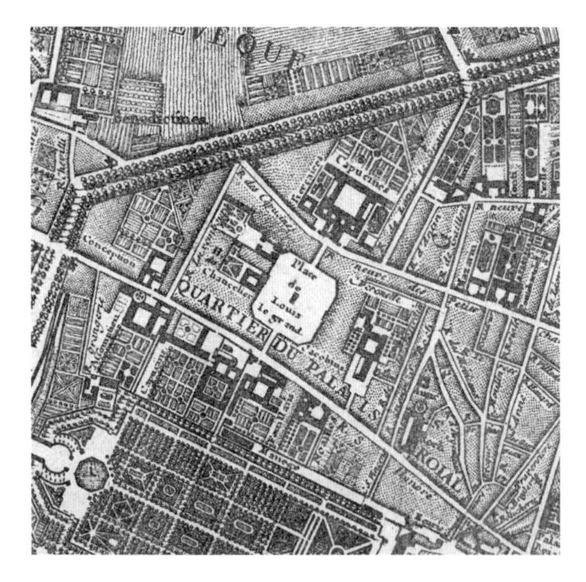

图4　1728年出版的德拉格里夫地图上，能够看到路易大帝广场，为路易十四在位期间新增的最后一座，即今日的旺多姆广场。从广场到当时新建的环城大道，距离等同于从广场到杜乐丽花园

幅18世纪初的地图（图4）上能看到，新广场后面是长长的环城步行道，便于从广场进入步行区域。 108

建筑师认识到，在一些情形下，不得不拆除现有街道以进行大规划。1679年10月，巴黎市政府和巴黎当地的一位画家路易·迪梅尼签署合同，规定，"对街角的半身像进行维护。且每拆除一条街道，街角就竖起一尊半身像"。英国人马丁·利斯特解释说，这些头像是"路易大帝的半身像或头像"；每当路易十四抹去巴黎的一部分旧迹，他便用他的肖像纪念这次行动，以此产生一片关于记忆的风景。

路易十四时期，许多外国人到访巴黎。也许最有异国风情，在当时引起巨大轰动的，是1686年8月的一群游客。这些被称为"暹罗大使"的人，是暹罗国王帕拉·纳拉派出的贵族和公务员代表团，作为国王向西方开放计划的一步。这些大使的一举一动都被当时的媒体所记录。因此，今天的人能够看到，当大使们到达巴黎市政厅时，巴黎人向他们展示精致版的"地图"。这些人漫步在环城大道上，曾一语中的地评论说："这项工程完工后，必将成为巴黎的宝贵财富。"然而，在1686年，工程离完工还遥遥无期。

也是到了17世纪与18世纪之交，位于塞纳河右岸的环城大道的前一半才临近竣工。在左岸也将建造一条平行的路段，同样的规划正在进行中。突然，这些规划者们（这时的规划者已经是另一批人了）遇到了最艰难的问题。这个问题出现在巴黎左右两岸位于巴黎西边角的会合处。今天，这里也是巴黎风光最好的区域，右岸有协和广场，左岸有荣军院，两座建筑周围都有庞大而复杂的公共建筑。然而，在1700年，这片宽阔的地带的开发才刚刚起步。

当城市的建筑师们抵达这个关键的节点，他们发现，"宏伟构想"

难以继续：必须大范围地重新绘制“地图”。此外，1700年的建筑师不同于他们的前任。他们没有选择宽阔的街道去连接环城大道和城市中心，而是偏好延伸力强的主干大道，尤其是两种超级宽阔的街道：林荫大道和大街。这两种街道自此也成为巴黎乃至法国城市规划的标志。

这两个词在法语里都不是新词。不过，在1700年，这两个词都产生了新的用法。Boulevard（林荫大道）来自荷兰语的bolwerc，后来成为英文中的bulwark和法语中的boulevart或boullevers。这个词属于军事术语，用于形容各种类型的防御工事，尤其是防御性的棱堡或者城墙。

109 在巴黎，城市的城墙原本在每一间隔用boulevarts巩固：从德拉格里夫修士的这幅在1728年绘制的地图上，可以看到圣安托万大门和皇家广

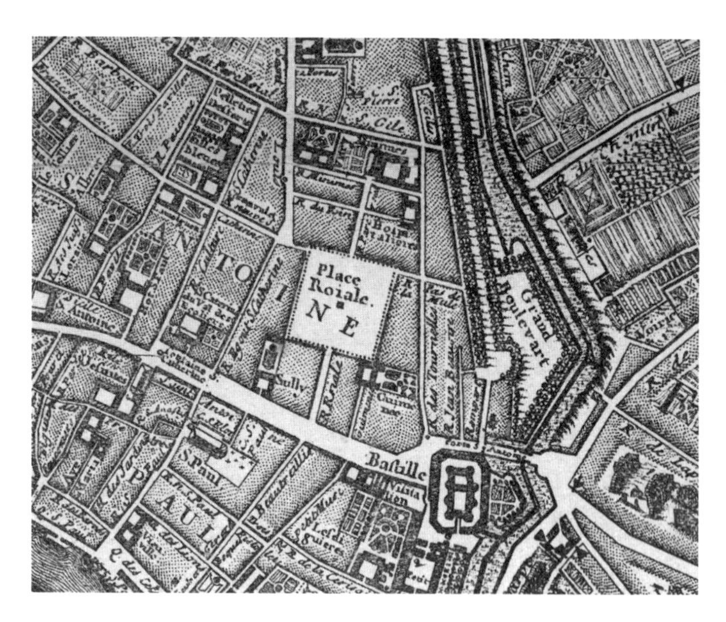

图5　德拉格里夫这幅1728年绘制的地图显示了巴士底狱附近的“bigboulevart”或“bastion”。从巴士底狱向外延伸的暗色双重线则是代表后来被称为“boulevard”的林荫大道

场附近的“grand boulevart”。当环城大道工程启动后，这些棱堡就失去了原有的作用。很快，boulevart就变成了boulevard这个用来形容位于巴黎右岸的这段环城道，也就是后来人们所知的“林荫大道”。

在17世纪的大部分时间里，advenue指的是人们进入一个地点的通道。到了17世纪末，这个词语有了现代的拼写方式，以及新的定义：“两边种有树木的走道。”最早的几条大街，出现在地图中需要重新规划的区域，也是在那里，最具神话意义的香榭丽舍[1]大街诞生。

17世纪60年代末，当路易十四的景观建筑师安德烈·勒诺特雷对杜乐丽花园进行扩建时，许多和该花园相关的文件都称这条大街为“杜乐丽大街”。到1709年，这条大道有了新的名字，即“香榭丽舍大街”。这幅由德拉格里夫绘制的地图（图6），是最早称其为香榭丽舍大街的。图中，大街被描绘成连接现有城市景观（最右边，杜乐丽花园的边缘清晰可见；往北则是圣奥诺雷郊区路）和巴黎向外扩张的林地的要道。 110

每逢周日或者假日，香榭丽舍大街和邻近地带就被用作现代城市公园。就像一本巴黎的游客指南所说，巴黎工薪阶层也开始享受由树木和绿草环绕的假日。 111

从地图上也可看到，塞纳河对岸的荣军院也有几条呈放射状的宽阔干道。这些干道不是大街，而是“新林荫大道”，以此区别于右岸的“林荫大道”。自此，“大街”和“林荫大道”成为近义词。

到了1707年，布里斯的游客指南告诉读者，路易十四的绿色城墙“毫无间断地围绕巴黎延伸了半圈，供人散步”。人们可以从位于圣路易岛对面的河岸出发，然后经过巴士底狱，观赏左边的皇家广场；也可

[1] 意指希腊神话里的极乐世界“爱丽舍”。

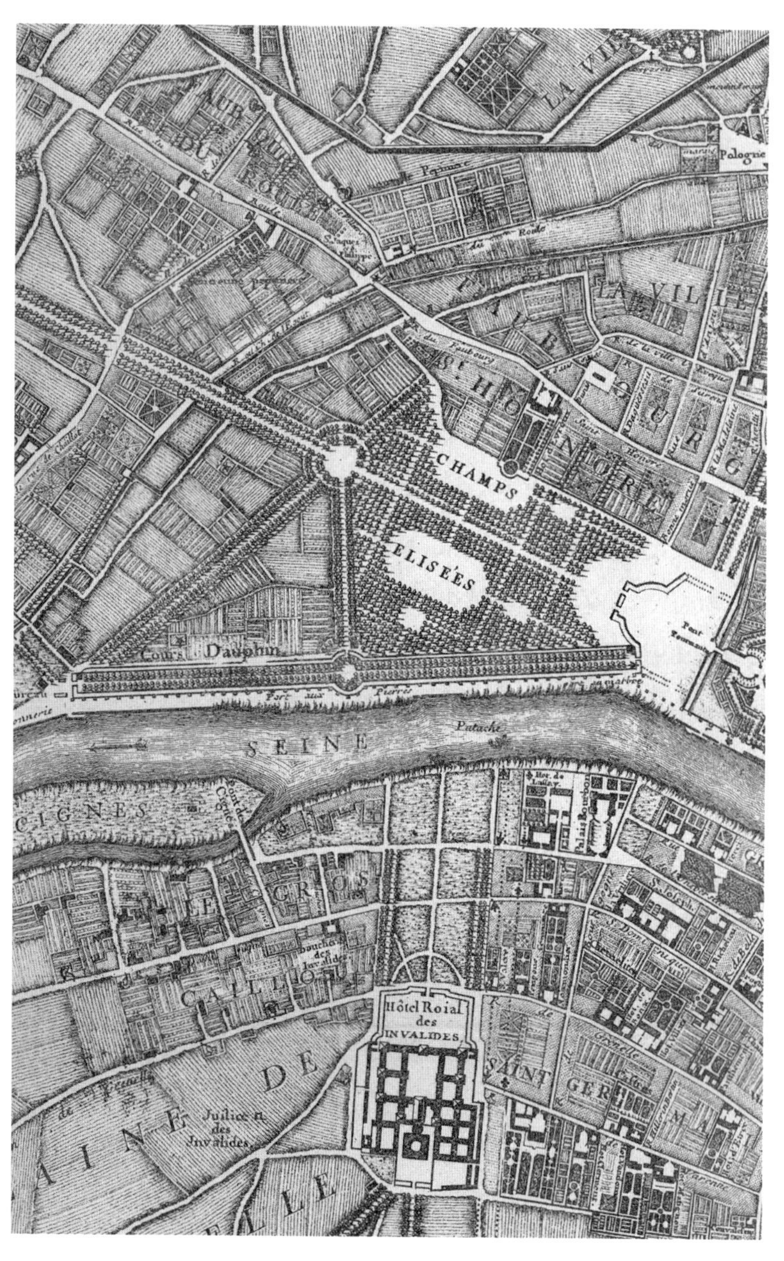

图6　德拉格里夫这幅于1728年绘制的地图最早提到新建的香榭丽舍大街社区以及社区从“星形广场”辐散的人行道

沿着玛莱区，靠近旺多姆广场，然后到达圣奥诺雷大门，通向香榭丽舍大街。尽管这离路易十四1670年的设想差距甚远，却已经成为非常精致的长距离步行道，至今仍在使用。

在那时，巴黎人已经创造了一个新词汇"在林荫大道上"。他们频频使用这个词汇，就像我们今天所说的"散步在路上"，指代一个适合散步、令人愉悦，且也多个方面放松身心的地方。巴黎人走"在林荫大道上"，欣赏这条绿色步行道上新建的华丽住宅，并"倾听来自巴黎歌剧院的时下热门歌剧"。巴黎人也去那里"呼吸新鲜空气"(1715年，路易·利热到达巴黎的第一天就有此体验)，甚至带着"散步有益健康"的信念前去散步，这信念在当时也是不断深入人心。

这一切都表明，林荫大道绝不是普通的城市干道。巴黎人走在上面，主要是随意游逛，而大道本身却发挥着远多于普通街道的功能。林荫大道是巨大的秀场，上面的行人各自展示着自己，也欣赏着各种各样的美丽景色。欧洲城市最先出现这种消遣产业，早期的林荫大道的作用尤其重要。

出现在巴黎的城中心的越来越宽阔、越来越普及的大众花园里，那些让林荫大道的体验如此流行的活动也蓬勃发展。这些公共花园中，专为巴黎居民放松身心的日常娱乐活动也因此形成。

巴黎的这些花园起初规模不大，但是到了17世纪末，已闻名欧洲各国。1606年，玛丽·德·美第奇女王下令种植四排平行的榆树，因此启动了王后大道。这种宽阔的步行道位于塞纳河右岸一片直到18世纪才完整并入城市的区域。17世纪初，这原本是坐在马车兜风专用的，而当时的马车是个人身份的象征。这条道路中央如此宽阔，可供五辆马车并行；路中间也有专门用于马车调头的环形区域。由于两边都是深 112

沟，且步行道两端设有铁大门以控制人员进出，这个花园当时只能勉强算作公共花园。在1628年建造该花园的谕令中，路易十三宣布这个花园仅为皇室御用，只有宫廷人士不使用的时段才可对公众开放。

这条林荫大道提供的娱乐活动无疑属于上流社会，当时只有少数非富即贵者能够买得起或者租得起马车。那些人使用这种当时新出现的交通工具，显摆自己的马车，或者欣赏他人的马车。由于这已成为如此不可或缺的消遣活动，这条大道的主干道经常陷入拥堵。17世纪40年代有两位荷兰游客曾称其为“严重的马车拥堵”。到了该世纪后期，随着马车不断普及，这条王后大道上能同时驶进700到1000辆马车，从其产生的拥堵中脱身，往往需要数小时之久。这条大道上也产生了其他娱乐，为堵在路上的人们增添乐趣，有在马车之间卖水果和糖果的小贩，也有传递情书的信使。这条王后大道只向以马车为主要出行工具的社会精英开放，以此产生了享有奢华马车一族的小群体。

日后，这条王后大道也成为一种代表巴黎特色的公共展示空间的样板，提供城市空间和娱乐活动。1662年4月，有报纸报道，在下午六点，路易十四在巴黎中心干道上散步，身后“七辆装饰华丽的皇家马车跟随”。记者称，这种景象“也只有巴黎能够看到”。当时的人指出，这条大道上“放眼望去，皆香车宝马”：“巴黎所有美丽的事物都来到这里，向人炫耀。”这里也成为巴黎最早的展示场，所有闪亮、显眼和新颖的东西都会呈现于此。

绿化工程首次成为统治者城市愿景的中心任务。然而，在这种背景下，这条大道对路易十四而言，仅仅是热身运动。在这个巴黎总体规划诞生的17世纪60年代，国王不仅仅选择在1662年4月的一天视察王后大道，还启动了另一个巨大的公共工程，即杜乐丽花园。在新闻记者夏尔·杜弗伦斯尼看来，杜乐丽花园、王后大道，以及环城大道让巴黎在18世纪末成为“公众漫步空间的诞生国”。

杜乐丽花园也经历了由小到大的发展过程。1564年，亨利二世的遗孀，摄政女王凯瑟琳·德·美第奇在杜乐丽宫前的一堵墙后建造了一座私人花园。后几十年，这个花园四处扩张，融入周边的城市景观。然而，也只是到了路易十四给安德烈·勒诺特雷这位卓越风景规划师主导权时，这里才成为今天为人所知的杜乐丽花园。勒诺特雷将原来的花园拆除，取而代之以台阶和用以散步的区域，这些台阶和路今天仍然连接着杜乐丽花园和卢浮宫。

113

从这幅名为《今日的杜乐丽花园》的版画（图7）上，我们能看到大

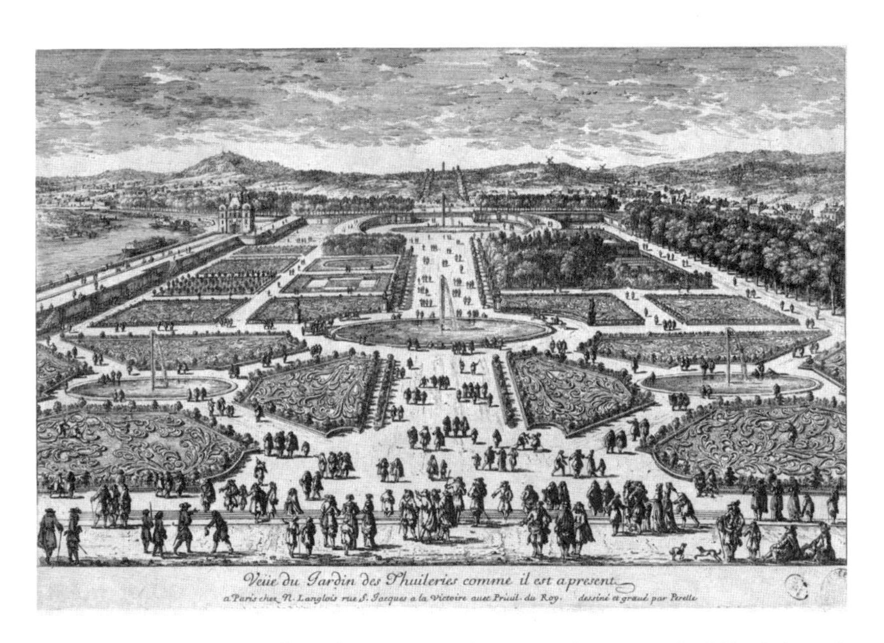

图7　佩雷勒兄弟制作的杜乐丽花园版画上，可以看到花园的不同区域有不同的用途：宽敞散步区域，大群的人聚集；而情侣则是在人行道上漫步

改造后的花园建筑群。这幅图也强调了新的花园和王后大道的显著区别。王后大道专供富裕阶层坐在马车上消遣。尽管杜乐丽花园的中心人行道足以通过马车，但是从这幅图中可以看到，路上完全没有马车。相反，正如后来卡拉乔利侯爵指出，巴黎人“从马车上下来，用双脚”在杜乐丽花园漫步。在此之后，杜乐丽花园成为巴黎第一座真正意义上的公共花园，并成为全欧洲公共花园的蓝本。卡拉乔利还补充说，“看到不同年龄，不同行业的人享用这座壮美的花园，让人大饱眼福”。（沃114 克斯豪尔花园，也就是杜乐丽花园在伦敦的同类，也是在17世纪60年代中期出现，当时还是普普通通的新春花园；这座花园的潜力得到认可，也是在1729年易主后才实现。）

这幅图中，花园的每一个区域都有特别的功能。散步区域和中央人行道上，一大群人正在参与社交活动，而夫妇和独行者则是光顾更适合私下交流的人行道。这样的场景布局，似乎能够鼓励人们随心消遣。可以看到，一些人坐在草坪上，一些人坐在倒影池边。这幅场景图也表明，无论男女，在这座新花园里互相交流时，都能轻松愉悦：男男女女齐肩并行，对从未在自己的国家见过女性出门散步的外国游客来说，可谓大开眼界。即使过去350多年，今天的杜乐丽花园仍然发挥着当时的功能。

早期的旅游指南会单独详述杜乐丽花园的游玩价值。这些书能让读者意识到，在这座巴黎最大、最受欢迎的公共花园里，有着形形色色的消遣活动。

这类指南书的作者首先会告诉读者，在一天的不同时段，花园发挥着不同的功能。其中一本指南书建议，“想要一对一私下见面的”，可以选择下午进入花园，游人相对较少。而其他时段，花园里散步的人数以千计，气温升高时尤甚。比方说，赛维涅夫人形容在1671年4月的温度“足以致人死亡”，当时她一天能在花园里待上好几个小时。

另一本指南则建议，傍晚的巴黎天气燥热时，游客可以和巴黎人一起，到咖啡馆“喝一杯柠檬水”解解热。这些咖啡馆通常是“点亮灯，满地摆放”，借此吸引顾客。这类咖啡馆延续着投石党运动时诞生的传统，当时勒纳尔的家是反对派贵族的聚集地。杜乐丽花园的这些咖啡馆也是最早有贵族用餐的公共场所，也是最早有妇女出现的公共场所。这也是休闲产业的鼻祖，这类产业后来逐渐发展，满足许多人的需求，这种需求在18世纪的观察家看来，就是“来到杜乐丽花园，散步打发闲余时间”。

杜乐丽花园也产生了另一种大众消遣活动，那就是以展示高级时尚为主的娱乐活动。当王后大道上有人坐马车或散步，那里的人就能看到马车，但多数情形下难以看到车里面的人的穿着。然而，正当巴黎的奢侈品产业也真正得到发展的同时，勒诺特雷的改造，也让杜乐丽花园成为巴黎人气最旺的花园。当巴黎人穿着最新样式的服装和配饰，步入这座花园，他们也向大众展示这种巴黎的风格，其程度与力度也是史无前例。从那时起，任何正常人，在最显眼的地方穿新款服装经过，总能带起一股新潮流。现代的时髦，走红毯，其起源都来自17世纪70年代出现的每日巡游。

115

到了17世纪80年代，勒诺特雷刚完成他的改造不久，旅行指南书的作者们便开始编写新的理由，吸引人们游览巴黎。夏尔·勒梅尔在1685年出版的作品中写道，“成批的外国游客聚集于杜乐丽花园，因为这里能让人见到最新的潮流”。

那些纷纷前往杜乐丽花园的游客想要学习的，也许不仅仅是每日巡游里最新的服装样式。这些打扮新潮的人也代表着欧洲城市发展的新方向。在局外人看来，这些走在一起的人似乎互相认识，来自同一个圈子。因此，杜乐丽花园也促使产生了一些被各界熟知的时尚圈子。他们的风格往往是圈外人热衷模仿的对象。

种种发明产生，帮助那些无法频繁光顾杜乐丽花园的人实现这种模仿。旅游指南书第一次讨论这座花园对时尚的影响时，一种名叫时尚样片的新型版画也在历史上首次大规模发行。17世纪80年代和90年代，巴黎产生了成千上万种时尚样片，描绘了时下的时尚潮流。

图8由尼古拉·阿尔努创作，突出了女士服饰上的条纹布料，并且有几尺拖在身后。在1686年后下半年，媒体大量报道暹罗大使们的巴黎之行，而报道中，大使们经常穿着条纹布料的衣服出现；1687年，当这幅画大量流传时，对巴黎的布商来说，可谓是丰收之年，凡是条纹布料，都可大卖。阿尔努强调说，这个场景来自“杜乐丽花园”。外国游客想要模仿这种风格，就会将这种布料当作一种追随主流的途径。创作这种时尚样板的艺术家大力普及了杜乐丽花园体验的精髓，他们将服饰放在一个特定的情境下，借此为这样式带来活力。

这幅图像也推广了属于高档时尚的饰品，而这种饰品当时已经成为奢侈品产业的高盈利领域。图中的妇女颇有风姿地握着扇。在当时，扇子已成为欧洲各国女性的宠爱，而当时的法国厂家也将占据绝对主导长达一个世纪。这位女贵族袒露肩膀，头发盘起，露出了项链和耳坠。

116

她的手腕挂着新颖而昂贵的挂表，表面显示4:55，似乎表明她正在等人“私下一对一交谈”，而当时花园也没有十分拥挤。在这幅画中格外突出的，还有杜乐丽花园游览体验的另一大特色，即当时新增的花园

117

图8　尼古拉·阿尔努这幅1687年创作的绘画中，贵族妇女坐在杜乐丽花园的木凳上。凳子是前一年增设的，共有101条

休闲凳。

1678年10月的皇家账本记录里，有一笔款项支付给一位名叫勒巴尔比耶（Louis Le Barbier）的巴黎木匠，用于购买八条专为“杜乐丽花园”设计的木凳。这也是史上最早的公园长凳。尝试使用这种长凳，在

当时取得了巨大成功。1686年，在阿尔努创作《长凳上的女士》之前，另一位名叫皮埃尔·介朗的木匠“以4里弗的单价，额外制作101条长凳，投入杜乐丽花园”。其成本甚至还不到一个贵族家庭每天肉类开销的一半；尤其是考虑到这笔轻微的投资的长远回报。

全部三条步行道上都装上了图9所示的长凳。长凳让人们在那里展示自己的着装打扮。它们对特别的时尚圈的形成发挥着至关重要的作用。正如阿尔努的版画所示，这些长凳是理想的展示所，人们可精心装扮，炫耀时髦的装束。正如尼古拉·博纳尔的图画所示，这些长凳还能鼓励人们参与新的休闲活动，而这类活动又使得其活动者格外显眼。这幅画中的女士正带着小狗散步；狗和这些新的长凳能让她们更好地在公共场合亲切交谈或调情，对外国人来说，这在巴黎以外绝对罕见。

针对这类新的公共行为的准则也很快诞生了。安托万·库尔坦所著的《巴黎上流社会举止礼仪见闻录》，一时成为最畅销的礼仪手册。该书囊括了从餐桌礼仪到个人卫生的各类话题。最早的版本诞生于1671年，也就是勒诺特雷对杜乐丽花园改造的那一年。该版本有六页专门探讨公共空间里散步的规矩。比如：同行者想要坐在草坪上时你是否应继续散步（答案是：不能）；再比如，等你即将走完步行道后，如何正确地转向。

这本书的1702年版中，这部分的篇幅是原来的三倍。这足以证明，在公共空间散步这项活动，在“宏伟构想”实行的几十年里越来越举足轻重。书中也引进了一些新的规则。比如，男士散步途中遇到女士时，不得亲吻对方脸颊，除非女士“伸出脸来”，而即使这样，男士也只能“凑近头发为止”。

库尔坦的手册很快就被翻译成英文（至少有六种英文译本）、德文、

图9　尼古拉·博纳尔的作品展现了几位打扮时髦的巴黎人在杜乐丽花园一角私下谈话和开玩笑的情景

意大利文、荷兰文，甚至拉丁文。这本书的成功也说明，当时许多外国 [118] 人很有兴致研究杜乐丽花园的时尚人物。多亏了这本手册，全欧洲的人都学会了巴黎式散步，还有巴黎式飞吻。

库尔坦给人造成一种印象，仿佛每一位穿着优雅的漫步者都是贵族，来自“上层社会”。他的礼仪指南存在的理由，是告诉人们，任何人都可以模仿贵族的模样，并且被当作上流社会人士。许多评论人士 [119] 认为，杜乐丽花园让许多之前十分罕见的现象变得再平常不过。有些人看似派头十足，谈起穿着头头是道，事实上却没有一点贵族的血统。1684年，皮埃尔·亨利指出，巴黎散步的一些女士，穿着“贵气”，其实只是一些炫耀“华丽服饰”的布尔乔亚。路易·利热对他的读者们则说，“许多商店的女店员会让你误认为是贵族，而许多布尔乔亚则被当作是爵爷”。那些出现在新桥上的不同的社会阶层，到了巴黎的公共花园就难辨身份。

不久，许多作者开始探讨这种由公共散步场所带来的社会身份模糊。这也证明，无论是对贵族还是布尔乔亚，对巴黎人还是外国人，这现象不仅仅是散步体验的构成部分，也是这种体验所带来的新鲜感和乐趣的构成部分。

当时阅读量最大的法国报纸《风流信使》(*Le Mercure galant*) 频频报道杜乐丽花园发生的故事。1677年7月的一期讲了两个臭名昭著的人的故事。其中一个“让别人称呼他‘侯爵’，而他的外表和举止确实让人信以为真”；另一个人则“刚刚跻身巴黎高等人士的圈子”。日复一日，这两人混迹于杜乐丽花园，希望别人当他们是贵族。次年7月，报纸上刊登的一则故事讲述了一位真正的贵族妇女。这位女士喜欢以低调的穿着现身花园，以此“享受小小的乐趣”。她假装自己是来自外省的布尔乔亚，不了解大城市的规矩；而那两位巴黎人却信以为真。他们主动邀请带她去歌剧院，教她种种礼仪，最后却惊讶地发现，“仆人和豪华马车”等候载她回家。

1698年，在巴黎逗留多日的英国医生马丁·利斯特回国前，一位贵族妇女恳请他说出“最爱的巴黎景点”。他的回答则是：“6月份晚上八点到九点的杜乐丽花园。这个时段，[我]找不出哪里比这里更加惬意的地方了。”1718年，久居大都市的玛丽·沃特利·蒙塔古夫人强调说，杜乐丽花园比伦敦任何公共娱乐空间都更加“精致”。

巴黎的环城大道到了1761年才彻底竣工。直到在位末期，路易十四的继任者路易十五才看到这项九十多年的城市规划接近尾声。但是这个结果却很好地证明，把陈旧的防御体系改造成庞大精细的绿色空间，实属明智之举。有了这条环城大道以及其融入城市的设计，巴黎城内著名的花园不再孤立于城市规划之外，而是成为其不可或缺的一部分。巴黎也因此成为一座伟大的步行城市，都市休闲活动的中心，以及欧洲最适合欣赏和展示高级时尚的地方。

120

在17世纪70年代，巴黎的新闻记者便开始思考一个问题，有人称这个问题为“国王向他的臣民展示伟大和关爱的全新方式”。其中一位记者指出，通过重新定位城市规划，路易十四“美化巴黎的功劳胜过任何一位法国皇帝”。而两个世纪过后，这种观点仍然很有市场。

1844年，在奥斯曼启动巴黎大改造之前，奥诺雷·德·巴尔扎克曾对“巴黎的林荫大道”大唱赞歌。就像许多同时代的巴黎人，巴尔扎克混用“林荫大道”的单复数形式，表示最早的林荫大道，即在18世纪前竣工的林荫大道。他说，“林荫大道”让其他所有的欧洲城市看上去像“周末出门打扮的中产妇女”。他总结道：“每一座首都都有一首能充分表达、形容自己的诗歌。巴黎的林荫大道在所有城市中都无可匹敌。”

121

第六章
光和速度的城市：改变都市生活的市政服务

"这是怎么了，伙计，干吗跑这么急？"

在皮埃尔·科尔内耶的一出喜剧中，有位角色责怪另一位，说他没打招呼就匆匆跑过。这位"奔跑"的角色一时不知如何应答，他本想要悄悄地经过。为能尽快跑到城市另一端，他借助的是城市拥挤人潮带来的一种特殊现象，即"微服"。

正如这位匆忙的角色所示，在巴黎步行绝不仅仅是休闲活动，许多人徒步是出行需要；而这些人想要尽快地到达目标地点。

投石党运动的几年激发了巴黎人追求更快的传播和交通手段。战争一结束，投资者们便开始利用这些需求。他们发明了两项革命性的都市技术，一项是公共邮递业务，一项是公共交通体系，主要解决信息和人口流动的问题。在皇室的许可下，这些投资者将发明投入使用，帮助巴黎人和游客在不断新建街道和社区的城市中认清方向，也帮助他们更快、更频繁地分享信息。很快，城市出现的第三项技术：街道照明，使得巴黎能够24小时不停运转。这项技术是城市现代化的标志。

这项前所未闻的市政服务投入使用，表明巴黎逐渐被更多的人视作新的都市中心，需要更多前所未有的便利设施。这项发明也突出了这座城市的地位：它孕育的新思想革新了都市生活。这一系列的城市服务带给巴黎新的身份：灯火之城，欧洲最有革新精神的城市，以及用前沿技术吸引游客的都市中心。 122

这些市政服务首次应用的那十五年，也是一个发展迅猛的时代。1664年，一份巴黎当地的周刊称“我们活在一个发明层出不穷的世纪”。

巴黎这方面的变革始于1653年8月。无论对巴黎还是法国来说，这个月都极具纪念意义。那一年，8月的传统节日都比以往更充满节日气息，因为法国终于从内战的困苦中走出。年轻的路易十四于1652年10月回归巴黎，马萨林也于1653年2月返回。然而，直到1653年夏季末，当法国西南部的起义被镇压后，投石党运动才正式告终。

那年8月，城市邮递服务步入现代化阶段。由于法国的国家邮递系统只递送不同城市之间的信件，在那以前，要想在巴黎城内寄送信件，要么要求仆人送信并等候回复，要么就得亲手送信。不过，到了1653年8月8日，巴黎成为全欧洲第一座配有邮递系统的城市。这项新的业务，归功于那个时代最伟大的发明家让—雅克·勒努阿尔，即威莱尔伯爵。（到了世纪末，威莱尔在几座皇家城堡中安装了一种设备，即现代升降电梯的雏形。）1653年5月11日，为奖励此人为“我们的巴黎”提供的邮递服务，路易十四赐予他一项皇室特权。7月17日，高等法院允许威莱尔在所辖区域垄断邮递业务。

国王许可威莱尔“挑选在巴黎地区递送信件的人选”。他尤其重视专业邮递员这个概念。究其主因，这类人对商业发展有巨大的推动潜力。在国王看来，这项新的服务“将会减少商业活动的时间”。此外，人们也不必再担心“邮件被不够熟悉道路的仆人送错”。

当时诞生了名为《巴黎城内邮递指南》的宣传册，详细介绍了这个邮递系统的基本状况。这份册子尤其宣传了邮递系统带来的信息传播速度：送出一封信，“一天内可以收到一两次及时的回复”。册子还介绍说，“对不熟悉城市的人，无法出行的人，讨厌出行的人，不能适应城市不断加快的节奏的人，或者一刻闲不下来、效率跟不上目标的人来说”，公共邮递系统尤其实用。

123

这份册子为巴黎人详细介绍递信的步骤，首先是购买威莱尔的“邮资已付”票，即最早的邮票。(伦敦的便士邮政直到1680年才正式运营，这种系统直接给信件盖邮戳，无需另外的邮票纸)。威莱尔的邮票从一个中心地点出售，即司法宫，售价为一苏[1]一张，从巴黎到波尔多或者阿维尼翁要5苏，到伦敦要10苏。票上须提前印好使用年份，用户需要填写月份和日期，包住信封，投递出去。册子还建议大人给读寄宿学校的孩子买邮票，这样孩子就“不会忘记给他们报消息了”。

随后，每条街的街头都设立起邮筒，“巴黎的每个人都能立马找到邮筒”。人们投入自己的信件。邮件一天分三次收集(分别是上午6点，上午11点，下午3点)；邮件从收集到送达，能保证在一到四小时内完成。因此，就像一份公报所说，“对那些朋友或爱人居住在同一城市的人来说，生活变得更加方便了”。

[1] sou，法国昔日的一种铜币。

一项发明，能让最早一批用户留下使用体验的，往往少数。不过，关于这个古老的城市邮递体系，我们有两位热衷于写信的作者记录下它的发展历程。马德莱娜·斯库德利和保罗·佩利松都是作家，斯库德利已经是当时最成功的小说家，而佩利松也即将成为大名鼎鼎的历史学家。他们开启了一段当时最广为人知的恋情，且他们想要保持频繁的联系。两个人都没有财力雇佣人每天送信，他们正是这种新邮递系统的理想客户。

斯库德利和佩利松的信件也详细地说明了“通过信箱交流”的方式是如何改变了通讯。每天，他们都会匆匆忙忙取信，每天，都会写上好几封信，无论在哪个时段。他们也在试验威莱尔的另一项发明：贺卡。（当时一共出现十种“信息卡”，上面填写收信人姓名，签字，页面底端附上信息。）

不过，威莱尔的服务并没有挺过1653年的秋天。毫无疑问，他本想在战争结束的时候启动这项前所未有的工程。然而，当时的巴黎几近破产，手头有闲钱的人寥寥无几。此外，无论市政府还是皇室，都没有融资渠道。到了1795年，巴黎公共邮政卷土重来时，这项系统已由国家资助。 124

然而，让威莱尔尝试这个项目的创业本能却远没有作古。几年后，路易十四开始执行首都的规划没过多久，就下令启动玛莱区的道路拓宽工程。当时有两位城市规划家发现，新建的街道能够帮助巴黎人实现前所未有的高效流动。

在17世纪50年代末，有两人开始合作开发新的公共交通系统，其功能史无前例。其中一位是布莱兹·帕斯卡尔，为当时最具思想的数学家。另一位是阿蒂斯·古菲耶（罗阿内兹公爵），一位热衷于交通工具的贵族。尽管当时有公共马车提供跨国旅行，这类服务在巴黎却尚未出现。

也是在内战结束后，这样的马车才开始在巴黎普及。在街道不断

图1　17世纪40年代起，巴黎人开始有能力租用马车和类似的轿子，以每天为租期单位

拓宽的几十年里，路面越来越适合大型马车，各类马车数量不断增加。到了世纪末，马车已十分普遍，随处可见。

整个17世纪里，私家马车都是财力雄厚者的身份象征。印在车门上的盾徽是巴黎人区分社会地位的标记。豪华的马车比任何物品都更能区分富人和穷人。比如，赛维涅夫人的信总能指出，这人或那人成为马车一族，或者出现在马车里。

1639年，蒙布兰侯爵在巴黎设立了轿子租赁业务，提供财力不足以购买豪华马车的人租用。他的业务发展如此迅猛，让他没过多久就买下了皇家广场的住宅。到了17世纪中叶，各类马车日租业务也快速发展；这幅描绘新桥情景的作品（图1）上，能看到当时人们使用的马车和轿子。当时6里弗一天的费用对大多数巴黎人来说，仍不算一笔小钱。

这种公共交通的剧烈变革，也是伴随着路易十四的重揽大权。[1] 1661年3月，在马萨林去世后，这位年轻的国王终于不用再看宰相的脸色行事了。到了1661年11月1日，路易十四的第一个孩子及继承者出生，全城狂欢，到处放烟火以示庆祝。似乎内战已经是过去式。繁荣和稳定又一次回归巴黎。 125

那年11月，帕斯卡尔和阿蒂斯·古菲耶拉拢了一帮投资者，签下了合同，确立巴黎公交系统的融资途径。很快，他们便禀报国王，到了1662年1月，国王发布专利特许证，授予他们垄断经营的权力。到了2月初，巴黎高等法院通过了国王的决定。

到了2月26日，帕斯卡尔和罗阿内兹决定，是时候进行试运营了。他们连续两天用一组租来的马车，于上午6点出发。在向其中一位主要投资人西蒙·阿尔诺（也就是后来的蓬波纳侯爵）的汇报中，他们称，在上午11点之前在预先选好的路线上，"即便沿着路边行驶，遇上巨大车流"，完成四次环绕行程，也是"毫不费力"。在下午2点到6点间，他们又进行了相同的试运营。

126 最后，历经大张旗鼓的宣传，公共交通于1662年3月18日正式运营。同一天，有家报纸登出信息，通知可能搭乘的人们，城市各个街角里已经贴有一些基本的信息，包括时刻表和乘车规则。在内战中得到发展的吸引大量观众的手段，这时派上了新的用途。

在城市随处可见的，还有推广这项新的公共服务的海报。这些海报介绍着公交系统的基本规则。比如，公交马车不同于租赁马车，公交马车会遵循规定的路线，——"行程总是相同"，时间表也是不变的，

[1] 马萨林去世后，路易十四才算真正掌握大权。

“在规定的时间出发”。海报还告诉人们，马车班次较多，大约每7到8分钟一班，“这样等车比收拾自己的马车要快一些”。今天的巴黎，一些热门路线到了高峰期仍然是这个频率。（帕斯卡尔和罗阿内兹也表示，希望这种便捷的交通能让很多私家马车主选择改用公交马车。）此外，公交运营也是上午6:30开始，没有停歇，“即便是午饭时间”。冬季运行到下午6:30，夏季则是到晚上。

最终，每条线路确定十二辆马车运行，每一辆车都由四匹马拉动，足够承载八位乘客和两位车夫，每辆马车每天能跑十趟。公交系统向乘客承诺，提供“宽敞、舒服、干净、完好”的马车，“帘布结实”，足以为乘客遮风挡雨。虽然早在1599年巴黎就出现了有玻璃窗的马车，但普及却是17世纪晚期的事情。在1684年，大块玻璃仍十分昂贵，以至于有份报纸感叹说，替换破损的玻璃价格不菲。

对当时要价5苏的车费，海报上则是形容其“如此低廉……人人都可享用这种便利”。这个车费是当时最便宜的租车费的二十四分之一。

很快，总设计师的姐姐吉尔贝特·帕斯卡尔·佩里耶开始详尽地记录这个都市新时代的第一天。对她来说，整个巴黎的目光，都聚焦到这个现代化的最新标志上，“人们站在新桥两边以及道路沿线，看着马车景观，就像狂欢节。每个人都洋溢着喜悦的笑容。他们希望马车路过自家住宅附近……运营的第一天上午，许多马车便已经满载而行。”

吉尔贝特·帕斯卡尔还补充说，“从一开始，妇女也坐上了马车”，“从一开始”，巴黎的妇女已经看到，公共交通也会给巴黎带来两性共处同一场合的机会，这对初到巴黎的外国人来说，可谓一大奇观。游客在车厢里保持合适的距离，能够看到，紧邻而坐的，是来自不同阶层的巴黎人，既有男人，也有女人。

吉尔贝特·帕斯卡尔本人便是最先使用公交系统的女性。1662年春，她弟弟身患重病（几个月后去世），而他们在巴黎的居所又相隔较远。她本人没有马车，所以通常靠步行。她不想双脚劳累，于是决定搭乘公共马车。不过，就在第一天下午，“每一站的人如此拥挤，乘客无法靠近马车，而第二天的情形也一样”。几天后，她再次排队，发现“五辆马车经过，却没有一辆停下，一个空位都没有”，令她大为恼火。

正如她所描述的，最早的行车路线环绕皇家广场和卢森堡宫附近的圣安托万路，获得了巨大的成功。于是乎，几周后的4月11日，新的海报则宣布“为方便巴黎市民，第二条马车路线将投入运营”。二号线从皇家广场出发，穿过玛莱区的一条道路（这条路线为今天的29路公交车所用），穿过圣丹尼斯路附近的商业社区，然后在卢浮宫附近、邻近圣罗克教堂的圣奥诺雷路停下。这两条最早的公交路线都穿过圣丹尼斯路附近的道路。海报上说，一条线的乘客因此可以轻松地换乘另一条。公交换乘也由此诞生。

5月22日，又有新的海报宣布，第三条路线也将投入运营。这是第一条连接南北的路线，从蒙马特路一直到历史久远的集市区哈勒斯，经过新桥，直达卢森堡宫。7月5日，第五条路线“奉旨”开通，仍然是南北方向，从玛莱区的普瓦图路穿过圣马丁路，经过巴黎圣母院，跨过圣米歇尔桥，到达圣安德烈艺术路和图尔农路，最后到达卢森堡宫。

6月24日，“重头戏”来了，这是一条环形线，为当时最长的路线，“沿着巴黎的边缘”，并且分成六个区域。一张票可以穿过两个区，到第三个区就得另外付费。（海报上还有说明，多走几步路，可以避免多付车费。）

从北到南，从东到西，以及沿着城市边缘，巴黎的街道已形成一张

128

星罗棋布的交通网，组织严密。这项雄心勃勃的计划自然遭遇挫折，而人们也会制定规则解决问题。很快，组织者们便认识到，驾车者如果携带大面额钱币，很可能处于危险境地。因此，便有新规定要求乘客不得用大面额的钱换零钱，须自备零钱。发生乘客投诉（比如，汇报司机态度粗鲁）时，他们可以记录马车的识别“标记”（每个标记均带有号码和百合花；每条线都有各自的百合花标记），以书面形式提交给公司的办公室。

帕斯卡尔和罗阿内兹想要说服巴黎特权阶层改用公共马车，这一过程中也带来了新的问题。在1662年，租用两匹马拉的马车的单日费用约为7里弗（140苏），以每小时为单位的租金尚未出现。因此，5苏的费用对那些富有的人来说相当划算。一些富人开始包下全车的座位，让车夫拒绝其他乘客上车。很快，便有新的规定出台，用以禁止这

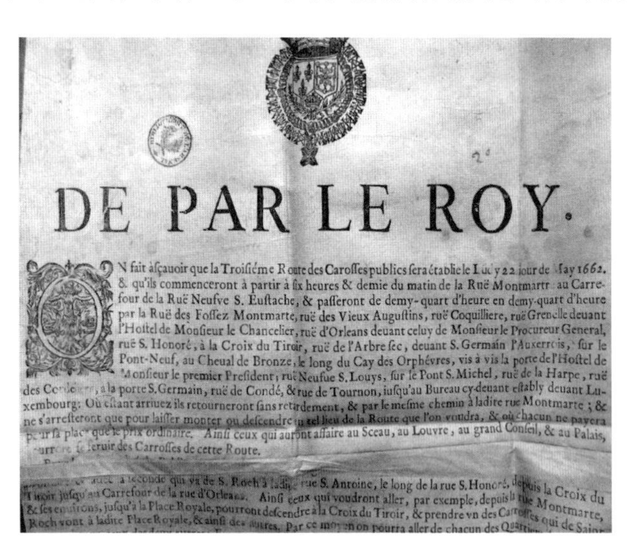
DE PAR LE ROY.

ON fait à sçauoir que la Troisiéme Route des Carosses publics sera établie le [illegible] 22 iour de [illegible]ay 1662. & qu'ils commenceront à partir à six heures & demie du matin de la Ruë Montmartr[illegible] au Carrefour de la Ruë Neufve S. Eustache, & passeront de demy-quart d'heure en demy-quart d'heure par la Ruë des Fossez Montmarte, ruë des Vieux Augustins, ruë Coquilliere, ruë Grenelle deuant l'Hostel de Monsieur le Chancelier, ruë d'Orleans deuant celuy de Monsieur le Procureur General, ruë S. Honoré, à la Croix du Tiroir, ruë de l'Arbre sec, deuant S. Germain l'Auxerrois, sur le Pont-Neuf, au Cheual de Bronze, le long du Cay des Orphévres, vis à vis la porte de l'Hostel de Monsieur le premier President; ruë Neufue S. Louys, sur le Pont S. Michel, ruë de la Harpe, ruë des Cordeliers, à la porte S. Germain, ruë de Condé, & rue de Tournon, iusqu'au Bureau cy-deuant estably deuant Luxembourg: Où estant arriuez ils retourneront sans retardement, & par le mesme chemin à ladite rue Montmarte; & ne s'arresteront que pour laisser monter ou descendre [illegible] tel lieu de la Route que l'on voudra, & où chacun ne payera [illegible] sa place que le prix ordinaire. Ainsi ceux qui auront affaire au Sceau, au Louvre, au grand Conseil, & au Palais, [illegible] se seruir des Carrosses de cette Route.

[illegible] a seconde qui va de S. Roch à ladi[illegible] rue S. Antoine, le long de la rue S. Honoré, depuis la Croix du Tiroir jusqu'au Carrefour de la rue d'Orleans. Ainsi ceux qui voudront aller, par exemple, depuis la rue Montmarte, & ses enuirons, jusqu'à la Place Royale, pourront descendre à la Croix du Tiroir, & prendre vn des Carrosses qui de Saint Roch vont à ladite Place Royale, & ainsi des autres. Par ce moyen on pourra aller de chacun des Quartiers [illegible]

图2　1662年5月22日，图中这份海报宣布了巴黎第一条南北走向的公交路线。海报上列出了从蒙马特路到卢森堡宫之间的每一个停靠站

种行为。

但是就像新桥两侧的步行道，最大的困难都与公共马车的目的相关：公共马车也是社会的平衡器。诸如巴黎高等法院的一些机构起草的官方文件，以及许多宣传此项新服务的海报，都明显地表明，发明公共交通的人，其目的是给城市广大阶层的居民提供价格合适、质量可靠的服务。他们的目标客户不仅仅是富有的贵族，以及像律师那样的专业人员，还包括收入微薄的人群。

129

公共马车因此也带来一种新的城市现象。那些排队等候坐车的人，不得不推推挤挤，穿过来自各个社会阶层的陌生人；他们和一些原本绝无可能遇见的人处在同一个空间。

许多人似乎十分享受这种新鲜的体验。有人形容坐车时坐在"完完全全的陌生人"身边，"了解他的名字、住所、收入、父亲的职业……亲戚……是否贵族，是否拥有城堡、是否拥有私家马车"。

不过，一些巴黎人并不适应人与人之间如此靠近，因此愿意买下整部车的座位，一人独享马车。这种行为遭禁止后，上流社会的巴黎人便施压，于是新的海报又出现，宣布新的规定："为防止破坏乘车人的雅兴，可禁止士兵、仆人、无技能工人登车。"

很快，那些被剥夺这项服务的人便开始反击。禁令颁布当天，有人袭击了马车。其中一辆马车，正行驶在皇家广场附近的弗朗克—布尔乔亚路，突然遭到愤怒的仆人投掷石块。很快，新的法令出台，宣布袭击马车的车夫违法。巴黎的街头首席公告员夏尔·坎托到处游走，宣布袭击罪名成立，便可"公开体罚，并罚款50里弗"，相当于坐2000次马车的费用。此后，这种原本面向大众的都市交通系统，便不再是真正意义上的公共交通。

而且，巴黎权贵也的确享受了乘坐马车的“雅兴”。巴黎的第一位真正的历史学家亨利·索韦尔指出，许多人都用马车上班，而许多宫廷重要人士，“并不反感乘坐这种马车”，比如亨利·德波旁，即孔弟亲王的长子昂吉安公爵。1662年夏天，甚至连路易十四本人都对此表示极大兴致，下令招来几驾马车到圣日耳曼莱昂的宫殿，亲眼见识巴黎人新的出行方式。

当时，别的欧洲首都都尚未准备迎接这种城市现代化的标志。1662年7月，荷兰数学家克里斯蒂安·惠更斯在写给兄弟的信中说，当法国公司的人找他协助在阿姆斯特丹启动类似的新项目时，“那里的官员是绝不可能允许城市里发生这种变化的”。他的话也很好地解释了，为何城市的这类重大创新无法迅速传播到其他城市。

130

新的马车让巴黎人不胜欢喜。1662年秋，关于公共交通的故事很快便写到了戏剧作家让·西莫南的作品《五苏马车的诱惑》中。让·西莫南笔名舍瓦利耶，他的这部剧在老唐普勒路的玛莱剧院上演，距离皇家广场只有几分钟路程。观众可搭乘两条不同路线马车来到剧场。一进入剧场，便能看到一处场景，代表着皇家广场、马车公司总办公室，以及一辆马车。

舍瓦利耶的喜剧让人们联系到剧场外面的公交系统的实际体验。和现实生活中一样，里面的车夫穿着蓝色制服，而乘客上车时，也是按海报上的规定投入车费。

剧中有两对夫妇，他们因新生的公交系统而分离，又因为这个系统复合。其中一位丈夫，公共马车方便了他与女性调情，便对这五苏马车十分着迷。“每一天，他都忙着从一辆马车换到另一辆”，碰上新的妇女，与她们调情，频率之高，前所未有。而他也能趁着身旁无人认识，假装自己未婚。他的妻子心生怀疑，想要打探他近日的行踪，于是戴上当时贵族女性流行的全遮面具。不出所料，这位拈花惹草的丈夫很快就和神秘的蒙面妇女遇见了。在剧末，这位妇女揭开面具，男人宣布，“既然我两次都为她所迷倒，那我注定此生只爱她一人”。

与此同时，另一对夫妇中的丈夫喜爱这种便利而不用显露身份的公共交通。一次又一次，他坐着马车到城里遍地开张的赌场。这个人早已输光了自己身上的钱，开始变卖妻子的珠宝。妻子为找回不翼而飞的珠宝，伪装成男子，“从一辆马车换到另一辆”，跟踪丈夫，一直跟到赌场。（她还称“女性异性装扮出现在马车上，一点不稀奇”。）坐在丈夫旁边的时候，她甚至成功地从丈夫口袋里取走珠宝，保住自己的财物。丈夫发现扒手的真实身份后，如此惊讶，再次爱上妻子。

随后几年，舍瓦利耶的这部戏剧一直有上演。1666年，英国旅行家约翰·劳德爵士在普瓦捷观看了这部剧；他在日记中提到，票价为20苏，是乘车费的四倍。其他英国旅行家则是更专注于描述马车。1664年，爱德华·布朗写下了《巴黎城中的马车》；1666年，菲利普·斯基庞爵士描述了他的全新体验，即“一个人四处游览”，以及“和大伙交一样的钱”。 131

1691年，罗阿内兹公爵出售了自己在公交公司的股份。法国在17世纪90年代的状况，很像投石党运动后几年。皇家国库几近空荡，而多数巴黎人仅能勉强度日。私人经营的服务很难盈利，也不可能指望国家资助。马车因此无法继续运营。

17世纪和18世纪之交的欧洲，似乎尚未准备好迎接公共交通的时代。帕斯卡尔和罗阿内兹的合伙业务并无他人效仿。现代化的历史总是走走停停，伟大的想法有时遭人遗忘，过了很久又重新登台。比如，在罗阿内兹的公司倒闭后，巴黎一直没有公交运营系统。直到1828年，出现了最早的以圣马丁门为起点，马德莱娜为终点的路线，被人们称为“公共马车”(omnibus，来自拉丁文，意为“大家的”)，这种公共马车是新型的马车，由两匹马带动，足以承载12名乘客，这也意味着这种马车类似票价5苏的马车，尽管速度会缓慢一些。

1662年的公共交通，就像大多数人的公共生活一样，一到晚上便停运。天黑以后的巴黎，偷斗篷贼和其他盗贼纷纷出动。不过，这种状况很快得到了改善。1662年10月，舍瓦利耶的喜剧正在玛莱区火热上映。与此同时，新的宣传单在巴黎流动，告知巴黎人偷斗篷盗贼再也无法作威作福，人们大可安心在漆黑夜色中回家了。只需付一笔费用，便可以让公家的火炬手照亮回家的路。这份册子也告诉经营公用马车的公司，只要支付5苏一天的费用，便可雇一个火炬手照亮整段路程。

公共交通因此也使得另一种城市的便利设施变得不可或缺，这种设施即街道照明。

事实上，早在1662年3月，也就是公共马车投入使用的那个月，路易十四便向另一位投资商颁发了皇家专利权，用于一项新的公共服务。这位投资商名叫劳达蒂·卡拉法，法国人称他为劳达蒂·德卡拉法院长。他将提供火炬手的租赁服务。到了那年8月，公交系统进入全面运营，巴黎高等法院授予他独家经营权。劳达蒂·德卡拉法的一大功劳，就是提出了一个原创性思想：城市要保持24小时不停地运转，那它的街道就必须保持明亮。这种思想是当下现代城市概念的一大立足点。

在路易十四登基前，巴黎有过一些街头照明的尝试，但这些尝试零零散散，缺乏体系。在14世纪末，巴黎市政府要求，官方节日和动乱期

本图创作于1600年左右。亨利四世骑在马背上，身后是前现代的巴黎全景

本图创作于1640年左右，是最早描绘竣工不久的圣路易岛的作品

为了表现皇家广场对巴黎人的重要性，这幅1612年的图景放大了广场，使其几乎占据了城市图景的大部分

到1655年，皇家广场被人们描述为一个典雅的居住区广场，一个适合散步的空间

这幅图创作于 17 世纪 60 年代，路易十四正通过新桥，观看身边的风景，自己也成了巴黎的风景

这是另一幅 17 世纪 60 年代创作的新桥绘画，描绘着桥上的日常生活

游客将纪念性的折扇带回家，也带回了他们钟意的巴黎景观。图中的折扇描绘了塞纳河码头上的露天市场

新桥桥上的路边剧场。这类场面经常出现在17世纪的纪念品中，表现了文化和社会气氛活跃的巴黎

本图为亚伯拉罕·德弗沃的绘画。这类表现塞纳河以及巴黎美景的鸟瞰图推广了城市的美景。欧洲人了解城市美景,应归功于新桥

观景台是新桥的新发明。两个人正站在观景台,欣赏巴黎的景色

新桥让巴黎人有理由出门，欣赏无奇不有的世界。绘画作品中，新桥上的人能积极地与城市以及身边人进行互动

新的公共工程让巴黎摇身一变，成为一座壮丽的城市。17 世纪 40 年代新建的锻铁阳台，让巴黎人能够欣赏都市的景色，而自己也成了景观

17世纪初，巴黎一些出身普通的人将新桥下方的河岸变成了一个公共河滩

17世纪末，巴黎的巨富们在路易大帝广场建造宏伟的住宅，展示自己的财力

路易十四在位初期巡视巴黎。图中，他正穿过皇家广场，身旁坐着母亲

五十年后，路易十四巡视巴黎的建筑。图中建筑是新落成的巴黎荣军院的圣路易教堂

间,房屋的主人需在窗边点亮蜡烛,直到天亮。这项做法第一次变成规定是在1504年,当时巴黎高等法院下令,房主家中有窗户面对街道的,须在晚上9点以后保持蜡烛点亮。整个16世纪,类似的法规不断颁布,却鲜有成功。17世纪40年代初,公共照明系统的雏形出现了:在冬季的月份,在一些街道和广场上点亮了挂灯。然而,这个做法很快就被弃用了。直到路易十四登基之前,天黑后必须出门的巴黎人不得不带着挂灯,或者由举着火炬的仆人伴随;否则很可能遭遇城市街头晃荡的抢劫犯,后果不堪设想。

到了1662年10月14日,在圣奥诺雷路通向老集市区哈勒斯的位置,劳达蒂·德卡拉法的新业务的总办公室开张了。这间办公室名为"巴黎火炬手和提灯人服务中心"。劳达蒂的雇员衣着统一,方便行人识别;每个员工都有一个编号。火炬手配备一个巨大的火炬(约有1.5磅的"最好的黄蜡"),而提灯人则在城市人员流动最频繁的地点提着油灯。正如劳达蒂所解释的,这意味着"没有仆人的人,现在也可以选择任意时间点回家了"。

劳达蒂员工的腰带上挂着沙漏,刻有巴黎城市的徽章,沙漏每次运行时间15分钟。在劳达蒂用于推广的宣传单上,他宣称"在一刻钟里,可以到达巴黎的任何角落"。行人每15分钟的照明需要支付3苏的价格;而有私人马车的,则是雇佣火炬手坐在车夫边,每15分钟支付5苏。劳达蒂想得很长远,他最终目标是雇佣1500名火炬手,让他们站在每条主要街道的一头,以及一些长距离街道的中间点,如此一来,"无论走到哪里,都将有人为你照明,陪你到达另一条街"。就像发明公用交通的人,劳达蒂也想让他的服务变成真正意义上的大众服务。他指出,"如果有人雇了火炬手,你跟着他,就能享受免费的照明"。从一开始起,对那些没有仆人辅助照明的人来说，公共照明便成为夜晚出行的手段。

街道照明不仅仅给人们提供了便利。国王和其发明者的愿景具有共性。两人都认识到，照明将改变都市生活。这种共性也能说明，为何巴黎会成为最早的灯火之城。

133

在专利特许证中，路易十四指出了“巴黎这座魅力之城”居高不下的夜间犯罪率。国王承认，犯罪率是“街头缺乏照明造成的”。他还说，“这对商人来说尤其不便，特别是夜长昼短的冬季，他们晚上无法从事任何活动，因为不敢在街头自由走动。”

劳达蒂·德卡拉法承诺，公共的火炬手将会“让商人自由随意地走动；巴黎夜晚的街头将会远比现在繁忙，这将大大减少城市的扒窃”。他们给出的信号很明白：在现代的城市里，公共安全和商业繁荣是相辅相成的，而照明则是实现前两者的必要前提。

劳达蒂的公司运营了多久，我们今天不得而知，不过他的想法却从未过时：至少到法国大革命前，提供火炬的服务没有间断过。不过，当国王及其首席财政顾问科尔贝尔认识到，照明改善将给巴黎带来翻天覆地的变化时，他们便从基础着手，打造一个规模更大且真正惠及大众的服务设施。历史上第一次，城市的服务由国家出资，而不再依赖一小撮私人投资者了。

1665年，在科尔贝尔的指导下，一个高级别委员会成立了。国王亲自在卢浮宫主持了首轮会议。此后几个月里，巴黎高等法院的领袖、大法官弗朗斯·皮埃尔·赛古埃，以及一些政府要员，都定期聚集开会，开启城市管理的重大改革。在1667年3月，他们作出一项重要决定，指定尼古拉斯·拉雷尼出任巴黎总警长。拉雷尼担任该职位一直到1709年，他的城市管理政绩可谓出色。当时的这份任状赋予巴黎警察局两重角色："维持城市的秩序，促进城市的繁荣昌盛。"

拉雷尼一上任，就立马着手打造安全和繁荣的巴黎。他最早的一些倡议中，有一项是其他城市从未想象的，那就是真正意义的公共街道照明。在拉雷尼上任后几个月，皇家高级委员会的成员便一直探讨照明问题，而最重要的问题，则是这项工程的耗费。当时的一家报纸指出，早在1666年底，人们就曾对街头照明进行试验。

1667年9月2日，也就是在职责范围确定后的第六个月，拉雷尼便告知巴黎人民，新的公用服务即将启用。五天后，街角张贴了新的公告；巴黎的街头公告员夏尔·坎托以及皇家小号手耶罗斯梅·特隆森走在首都的街道上，宣布他们经过的这些街道夜晚将有灯火照明。夏尔·罗比内在10月29日发行的那一版公告中鼓吹说，"很快，晚上也会像正午一样明亮"。在城市的912条街道上，共安装了2736盏灯。窄小的街道，两端各装一盏，而更长的干道上，中间再加一盏。这是永久且固定性的街道照明的最初设计。 134

这项新服务的每一个方面（尤其是成本），都经过委员会的激烈讨论。尤其是街灯的两种材质选择，一种是木质，另一种是金属。科尔贝尔最后选择了金属材料，明显是出于安全考虑，尽管价格是木材的两倍。街灯是由大约两英尺边长的玻璃板组成的，当时大块玻璃价格也较为昂贵。每盏灯耗费12里弗，比即将投入杜乐丽花园里的公园长凳贵两倍。此外，还有蜡烛的价格。这些蜡烛十分粗大，可以燃烧8到10小时。根据预计，这种成本高昂的街灯里，仅仅一盏蜡烛，每晚耗费就要2苏。

用于悬置街灯的方法也历经各种尝试。起初，这些灯具挂在街中央25英尺的高处。后来，这些灯被附在房屋一侧，离地约一层楼高，用一种滑轮系统进行升降。一位英国游客描述道，“这种用于升降（灯具）的绳子”的一端，系在位于近处房屋墙壁的金属管上；用于控制滑轮的摇动把手，则是“锁在墙边安装的小箱子里”。

正如这幅创作于17世纪晚期的作品（图3）所示，街道照明系统在视觉和空间两个方面，都给巴黎的夜晚带来了体面的生活。图画右边的男子正步行穿过街，手里摇着铃，示意打开灯光。他身后的人已经打开了“小箱子”，摇转把手，放低挂灯。一位妇女准备好放入特别定制的蜡烛，她身边的孩子准备着下一盏。

版画家小尼古拉·盖拉尔描绘了当时已经步入正轨的照明系统。房屋的主人每年要负责一些特定街道的照明。他们会拿到钥匙，用来打开滑轮箱，以及足以容纳十到十五盏特大号蜡烛的箱子。到了晚上，听到铃声，就要准备点亮路灯。

135

图3　小尼古拉·盖拉尔的版画也表现了最早的街灯系统的功能，并且描绘了灯火通明给巴黎带来的夜生活

自1667年起,蜡烛于每年11月1日到次年3月1日之间的晚上点亮。很快,巴黎人开始派出代表,请求拉雷尼延长时间。自此,夜间照明便从每年10月15日到次年3月30日,然后慢慢延长,到了17、18世纪之交,每年有街道照明的时间延长至九个月。

另一个问题则是每日时间表,即每日提醒点灯的响铃时间。很快,10月的点灯时间确定为下午6点,11月则是下午5点30分,12月和1月是下午5点,2月是下午6点,3月是下午6点30分。

街道照明是一种新式的公共服务,这种服务不由民间经营,而是由皇室和巴黎市政府共同运营。其资金来自一种名为"扫尘和灯光税"的税收,该税收用于支付打扫和照明街道的费用。很快,这种城市服务成为巴黎人生活中不可或缺的一部分。早在1671年5月,一些热心市民分别在巴黎16个行政区召开会议,投票选出代表前往高等法院,表示他们愿意自费延长照明的时间。然而,街灯的开销如此之大,保持运营也是举步维艰。到了17世纪末,这项税收上升到每年30万里弗,仅蜡烛一项就占了20万。从1688年起的一条又一条的谕令,都是围绕如何提高必要费用的议题。 136

不过,对这个服务是否值得如此高昂的成本,人们从来没有异议。1667年末的一天,约3000盏灯一齐照亮巴黎夜色,对很多人来说,那个时刻似乎是一种姿态,象征巴黎已经面目一新,达到更高的境界。

正如那些倡导这项革命性服务的人所预言,夜晚明亮的街道对抑制犯罪发挥了显著的作用。仅仅在照明灯投入使用前几个月,一位记者抱怨晚上"没人敢出门活动";相较之下,在照明挂灯投入使用后,另一位记者则鼓吹说,"多亏了拉雷尼和他的美丽路灯,那些我们称为'偷斗篷贼'的男士们没好日子过了"。

仅仅在新的照明系统启用后几个月，巴黎警察局就颁布了许多规定，显示出拉雷尼也在借用其他手段打击偷窃衣服的行为。其中，1678年12月颁布的一条规定关闭了新桥附近开设的二手服装店铺，那边极有嫌疑经营桥上偷来的衣服。当时的报纸大力表扬拉雷尼上任之后推行的规定，认为其“对症下药”。

拉雷尼也试图赋予执法的警察更大的权力。他增加了执勤的警员人数，让他们夜间骑马在街头巡逻。他也推行了一些法律，禁止人们夜间行走时携带火药武器、匕首、小刀，但后来又规定，执勤的警官可以携带“小手枪”。

巴黎出现的这种变化受到各界欢迎。早在1671年，作家和记者弗朗索瓦・科尔贝尔在他的巴黎历史第一版中称，“巴黎不仅是世界上最美丽的城市，也是最安全的”，这部作品后来多次再版。他甚至鼓吹说：“有了路灯后，凌晨两三点也像白天一样明亮。夜晚街头警力增加，人们因此不再害怕抢劫。甚至在新桥这个曾经晚上毫无安全性可言的地方，人们现在也像白天一般随意活动，实在令人刮目相看。”

当宫廷画师夏尔・勒布朗装饰凡尔赛宫的镜厅时，他在里面创作了一些绘画，用以纪念路易十四在位期间的丰功伟绩，其中有一幅描绘“警察和安全回归巴黎”的场面。小尼古拉・盖拉尔的版画以戏剧色彩极强的手法描绘了“追捕夜贼”的场面，也向公众宣传了街灯对减少犯罪的作用。小偷在街头狂奔，手里拿着偷来的斗篷，遭窃的贵族追赶着 137 他，却远远被他甩在后面。小偷看似能够逃之夭夭，不料五位衣着统一的“巡逻”警察在灯光的指引下，骑着马追赶小偷。

1669年，雷蒙德・普瓦松的喜剧《冒牌莫斯科人》上演，其故事围绕两个巴黎小偷展开。两个小偷讲述了他们职业无以为继的艰难时

图4 这幅版画宣传了街道照明减少城市犯罪的作用。在街道的灯光下，警官可以围捕小偷

期。受夜间"巡逻"的影响，那些"曾经在新桥上偷窃斗篷"的小偷"如今就像过街老鼠"。"今天我抢了别人，明天就得上绞刑架。现在的巴黎，走到哪里都有警察，我已无钱可捞。"其中一人如是说。他们感叹，这一切都得从两年前说起，即拉雷尼刚上任不久。事实上，他们的日子如此惨淡，不得不考虑新的营生手段。他们不再偷斗篷，而是成为"老千"。他们常出没于赌场，且对外宣称自己是俄国富人。

1694年的一本词典，也确认了偷斗篷贼无法继续作恶的事实。词典使用的新例句表明"斗篷贼"这个词语有了新的定义，这既说明了公众相信警察有能力打击斗篷盗窃（"昨晚，巡逻警察逮捕了几名斗篷贼"），也表明了这些斗篷贼不得不从事新的违法勾当（"斗篷贼现在指的是出老千的人，以及那些诡计多端、坑骗他人财物的人"）。

正如拉雷尼的委任书所预言，治安改善和城市繁荣是齐头并进的。138
早在1671年，那些自发请求出资以延长照明时间的市民曾强调说，商人们可以打理“无暇在白天打理”的事务。他们还认为，生活的质量也有所提高，因为巴黎人“一天任何时候都能出来活动”。

城市居民到了晚上仍能够自由参加社交活动，也就随之带来了夜生活。1673年12月4日，赛维涅夫人和密友共享晚餐。他们的夜晚活动甚至进行到午夜以后，而享受巴黎的夜晚，也成了前所未有的乐趣。“午夜后，走出家门，到达城市的彼端，带朋友回家，其乐无穷……我们有说有笑，不必担心遭劫，这一切，都归功于外面新安装的挂灯。”

每一本巴黎游客指南都在向游客承诺，在巴黎能领略别处绝无可能的体验。内梅兹在他被翻译成多国文字的作品中告诉读者，“正是有了公共的挂灯”，巴黎不像其他欧洲的首都，不再是一到晚上就停止运转。“许多商店、咖啡厅和餐厅都经营到晚上10点甚至11点。许多店家甚至在窗边点灯，让街道更加明亮。”人们现在可以随时逛街，随时就餐，“不用考虑是不是晚上”，而且，“晚上出门的人和白天一样多”。图5出自1702年出版的一本指南书，主要介绍巴黎咖啡馆和咖啡社交文化。该图也是对夜生活最早的描绘：烛火明亮的咖啡厅，形形色色的人品尝美食和饮料，享受天黑后的生活，其中不乏一些贵族妇女。

这些旅行指南里，挂灯本身也成了巴黎游客不可错失的“美丽景观”。马拉纳对意大利游客说，“这个发明本身就值得一看，无论你来自何方。每个人都应该看看这个希腊人和罗马人都从未想过的发明……一片如此完美的景观，即使阿基米德还活着，也不一定知道如何锦上添花了”。内梅兹建议人们“站在道路交叉口”，欣赏灯火辉煌的景象，“灯悬挂在空中，相隔同样的距离，向各个方向延伸”。

街道照明成为第一项在欧洲大规模推广的巴黎城市技术。1669年，艺术家兼发明家扬·范·德·海登在阿姆斯特丹推行了一项新的

图5　图中巴黎咖啡厅的景象也展示了街道照明的另一个优点。街道照明让不同社会阶层的两性在公共场合开展社交活动

照明系统。（他此前已经改进了消防车，并发明了消防水泵。）1689年的柏林，普鲁士政府竖立了用来悬挂路灯的杆子。1688年，维也纳第一次 [139] 照亮了夜空。到了17世纪90年代，伦敦在1666年的大火灾后迅速重建，街道照明成了首要任务。1691年，蜡烛商向市长表达不满，说爱德华·赫明正在试验以煤油灯取代蜡烛；1694年，他取得了安装蜡烛灯柱的许可。不过那时的伦敦，也只有夜晚没有月光时，才会使用街灯，因此，玛丽·沃特利·蒙塔古夫人曾在1718年断言，“巴黎优于伦敦之 [140] 处……夜晚有定时的街道灯光。”

法国科学家不断尝试寻找一些提升城市设施的新方法。而在很多人看来，这些设施就是这个“发明层出不穷的世纪”的荣耀。1703年，法国皇家科学院批准了其成员法夫尔的一项专利，用于当时最为宏伟的街道照明工程。该专利是一座位于“城市最高点”的塔，其顶端有四个巨大的半圆形设备，用作光源，每件设备源都可储存煤油，并排放出燃烧产生的烟雾。法夫尔宣称，这种巨型的灯光塔（比古斯塔夫·埃菲尔设计的巴黎铁塔早两百年）足以“在漫漫黑夜中照亮整座城市”。

随着路易十四的“宏伟构想”一步步实施，城市版图日渐扩大，街道照明系统也不断地扩散，为更多街道带来安全，方便巴黎人探索城市 [141] 的新区域。截止到1702年，巴黎的街道共有5470盏街灯。而到了1729年，这个数字增加到5772；到了1740年，增长至6408。18世纪初，塞纳河右岸的林荫大道竣工后，相应的照明设施也完成了。这些在巴尔扎克看来“让巴黎成为真正的巴黎”的林荫大道上，灯火一直明亮，直到清晨四五点。对于怎样才是理想的巴黎之行，路易·利热曾有描绘，其中，他鼓励游客们融入巴黎的夜生活的另一方面，像“不同年龄、不同阶层的人那样，去散步，或去跳舞”。

图6　1703年，一位发明家成功申请到专利，在巴黎最高处建造一座灯塔，"照亮整座城市"

历经三十年，街道照明和林荫大道一样，成为巴黎的特色，成为城市治安和生活品质的关键。街道照明也很好地证明，巴黎已成为欧洲最现代的首都。这种体系非常有力地证明，路易十四统治下的巴黎不是零零落落的景点或建筑，而是一块完整的都市版图。巴黎成为路易十四梦寐以求的都市，成为"专营乐趣之所"，无论白天黑夜都可在公共场所品尝美味佳肴，甚至"散步或跳舞"到凌晨4点，街道照明功不可没。

技术往往是城市变革和发展的推动力；技术总能在城市的地图上

留下印记。19世纪的火车站便是明显的例证。人们也往往将技术描绘成社会动荡的推力甚至起因。因此，这座新巴黎成为促进社会重大变革的场所，也不足为奇。当时的许多评论家描写法国社会结构的急剧转变，都将巴黎作为典例。

这座城市的三个形象逐渐成形，并且组合成这座趣味与情调之城。巴黎是欧洲最时髦的都城，其市民穿着之考究，属欧洲大陆之最；巴黎是都市的中心，城里一夜暴富的新贵，高调炫耀着巨大的财富，其财富主导着城市的规则；巴黎是全世界最浪漫的城市，到处可见美艳的巴黎女人。这三个形象来自不同个人，来自切实的生活体验。不过，正如高调往往会引来对一个现象的过度关注，这三个形象也可能被人过分夸大，以至于很快成为都市传奇，并在以后的几百年里成为巴黎的神话。相比其他关于巴黎的观念，这些形象更能让人去欣赏建造一座实实在在的首都和塑造一座传奇城市之间的互动。在那些虚构传奇或向往传142 奇的人心中，这座传奇的城市有着独立的存在。这三个形象源自共同的情结。与此同时，时尚、金钱和浪漫的传奇也在讲述另一个故事，即这些力量在重塑法国社会中所扮演的角色。

巴黎的新干道落成，新的城市公共事业诞生，人们可以更大范围、随时随地出行。从各种描述来看，城市交通流动增加，进一步推动了自新桥落成之后不同社会阶层间的交融。17世纪末，正如后来的“黄金时代的纽约”或“世纪末的维也纳”，巴黎也被许多人冠以类似的名称，成为不再能分辨个人的家庭出身和社会阶层一个地方。

当城市的商人和顾客能够安全、自由地流动，法国奢侈品产业才得以成功发展，并进一步推动了社会阶层的融合。巴黎让时尚变得现代，143 而现代时尚又成为巴黎变化的重要推力。

第七章
时髦之都

在今天人们的共同想象中，巴黎即时尚。这一点毫无疑问，并没有任何新奇之处。

1777年，一位礼仪观察家认定，“今天的欧洲人很难想象1600年的先辈的情况”。他解释说，在1600到1750年间，他们历经“转变”。1600年的“欧洲人对风格一无所知”，而17世纪末的欧洲人开始像法国人那样，衣着时髦。这位观察家认为，“法国的时尚产业日夜不停地生产”出新的款式，使得法国成功地把“欧洲变成法国”。1701年，一位资深英国旅行家形容这种进程是欧洲的“法国化”。这样的进程，也是许多因素的合力。

在17世纪的巴黎，城市规划和奢侈品贸易齐头并进。美丽的城市最适合推广美丽的物品。正因为如此，亨利四世设想的皇家广场不仅是一处建筑美景，还是丝绸生产的中心，更是丝绸产业的产品销售之地。正因为如此，在巴黎这样的都市中心，步行本身不仅仅是功能，还提供了公开展示最新样式的场所；在不同场合下，人们炫耀着相应的服饰，为时尚带来生机和魅力。

到了17世纪70年代初，巴黎已经坐拥众多新式建筑，以及全欧洲最卓越的居住建筑。而路易十四也开始对城市的主干道进行大刀阔斧的改造，并且启动敞开城市的重大工程。巴黎人可以搭乘公共交通出行，夜晚也可借着公共照明散步。他们充分享用街道照明增加的时间逛街购物。这座城市成为一座快速前行的城市，引领风尚新潮和尖端技术。这座重生的城市也迅速催生了法国的奢侈品产业。

144

在之后的三十年里，法国实质上牢牢控制了这项利润丰厚的行业。到了1700年，法国产品出口欧洲各地，尤其向英格兰输出了大量昂贵而花哨的商品，英国评论家对此颇有怨言。然而，英国的产品又无法勾起法国人的兴致，两国贸易总是法国得利。巨大的贸易不平衡直接造成了17世纪末期的另一大关键变化。在欧洲各国，人们开始认识到城市中心出现了新的势力。他们用法语的单词la mode（即任何时尚或者风格鲜明的事物）形容之。他们也同意，la mode源自法国，而法国确定了时尚和风格的标准。La mode产生于巴黎，别处只有模仿的份。这个观念深入人心后，欧洲便开始迎接"法国化"，而外国人也因此找到了游览巴黎的新理由：了解最新时尚，获取当下最新奇的事物。1672年，英国桂冠诗人托马斯·沙德韦尔称法国在时尚的地位为"全面统治服饰界"。

时尚旅游发展的同时，奢侈品的消费体验也发生了变化。那些最精明的巴黎商人知道，时髦和现代不可分割。他们充分利用包括街道照明在内的最新城市技术、城市的吸引力，以及巴黎城市本身去推广自己的产品。每个奢侈品商人都会用尽办法告诉顾客，自己出售的是独一无二的产品，他们是巴黎潮流的代理人。在巴黎新建的现代街道，商店也是面目全新的；新的营销技巧和新的展示方式层出不穷。这些商店也因此成了巴黎时尚行家的另一个聚会场所。

城市规划师、艺术家、手艺人、商人、宣传人员，以及顾客共同营造了城市的新消遣方式，即我们所称的“购物消费”。正是通过他们，购物消费得以重塑，成为新的娱乐方式，成为时尚圈子可以享受的另一项 145 社交活动。也是通过他们，这项新活动的规则也产生了，包括了从决定价格到决定价值的规则。

历史上，从未有哪一座现代城市像巴黎那样，如此彻底而广泛地被视作奢侈品产业的中心，以及推广高级奢侈品的中心。购买奢侈品的过程得到全面的重塑，巴黎也因此获得了一个新的身份，一个在以后几个世纪都成为其关键形象的身份，那就是时髦之都。“巴黎”本身已成为时髦的代名词。

城市中心总是商业活动的中心。在每座城市，品质各异的产品通过各种各样的方法出售。这方面，17世纪的巴黎无异于其他城市。

几个世纪以来，巴黎人购买物品的途径一直不变，比如去露天市场或集市，或者找街头的流动摊贩。这幅17世纪的绘画（图1）显示的正是小摊贩的产品和行当，当时的词典称这些人把摊位“挂在脖子上，或者扛在背上”。在图的中央，一位妇女正摆弄着儿童玩具、拨浪鼓，以及她说的“风车”。妇女的右边是希丰夫人，一家被称为“破布夫人”的流动二手商店，卖的是二手衣服或者鞋子。离小贩左边较远的，是一位修鞋匠，正在和一个从水壶到阳伞无所不修的人交谈。

新型公共空间（比如新桥上的这片宽阔步行道）吸引的则是相对 146

图1　这巴黎街头的小贩“背着他们的摊位”，他们卖的东西既有二手衣服，也有儿童玩具

图2　新桥上的摊子组成了一个巨大的露天商场，出售从厨具到廉价衣服配饰的各种产品

固定的摊贩。在这些小摊上，店主们推销着各类产品，既有日常用品，也有丝带等入门级奢侈品，标上足以吸引大批顾客的价格。而更加高级的同类产品则是摆放在最早的现代商场，即皇宫百货。正是通过这里，巴黎人逐渐了解室内购物的概念。

在16世纪，在通向司法宫大厅的步行通道两侧，巴黎建成了现代城市最早的购物商场。1577年，一位意大利游客称，那里甚至能看到“国王和随行侍从”。他还说，“大批骑士和女士前来娱乐或者购物”。他们开启了一项新的进程，在此一百年后，购物消费的体验被重新定义。

最早的皇宫百货并没有特别之处。16世纪的意大利、西班牙以及弗兰德人都在争抢高档商品的贸易，欧洲的主要贸易城市，从威尼斯到伦敦，都建立了拱廊购物商场。但是17世纪的很多描述也清楚地表明，不同地方的商场也起着不同的作用。

比如，在伦敦的黄金交易所的第二层，店铺的业务各种各样，许多为实用用途（五金、公证处），更多的则是特许的行业（男装、金匠）。这种交易所对伦敦人来说如此新颖，因为之前许多店铺都是独立开设的。但是店铺本身并无新鲜之处，无论是设计，还是商品的摆设，都再平常不过。尽管有女性在那里购物，这个商场更像是男性的场所，完全就是商人敲定买卖的交易所。法国的购物商场与之相比也没有多大区别。

147

在1618年3月25日的半夜，一场大火吞噬了巴黎的司法宫。当时一位观察家描述说，“商场的店铺均为木材建筑，滚滚浓烟中，这些店铺顷刻化为灰烬”。玛丽·德·美第奇的御用建筑师所罗门·德布罗斯负责重建大厅，因此重建后的司法宫更加气派。新的商场建筑风格如此鲜明，以至于很快成为第一座到处被记录的拱廊商场。

图3所展示的版画创作于商场重新开张后不久。版画很好地表现了布罗斯典雅的文艺复兴建筑，以及不同商业元素的独特结合：主要是书商和高级时尚饰品（比如花边领）商人。就像这个商场其他早期的创作，这幅版画也突出了那些让这座商场留名历史的创新元素。每个摊位都有一个柜台，虽然小，却实实在在。柜台上可以摆放商品，以便顾

图3　在巴黎，高级产品的购物活动始于这个我们称之为皇宫百货的室内商场

客查看。每个摊位都有显眼的储物方式，以表明货源充足。每个摊位都颇有讲究地陈列着热卖产品的样品，用以吸引顾客的目光。这些特点让皇宫百货的摊位成为现代商店的先驱。这里的购物体验也是绝对意义上的现代。尽管书商通常是男性，也有女性“掌管”这些摊位，而男性也有部分在卖衣服饰品。女性面对男性顾客，而男性面对女性顾客。不同于欧洲其他地方的商场，这边鼓励两性共同参与。

整个17世纪，这座商场都保持着极高的人气，因此也历经多次扩建；到了1700年，这里已有180位商家。每一次再规划都让这里更具魅力，更迎合潮流。新旧店铺“形成对称”，“表现出最赏心悦目的建筑风格”。

当时无论对巴黎人还是外国游客，那里都充满吸引；同样的，几百年后的巴黎人和游客也被皇家宫殿的商场以及室内的拱廊所吸引。从19世纪20年代起，他们常光顾一些今天我们所知的大商场或者百货商店，即多楼层版本的皇宫百货。一到那儿，人们便四处观望、走走逛逛，和朋友交谈，或是结识新朋友。而几十位店主向他们炫耀着同一产品的不同款式，这也带给巴黎人一项先前未曾有过的体验：货比三家后的消费。因此，皇宫百货也早早地教会消费者去把控自己的购物欲望。 148

这些小摊位让巴黎取代其他欧洲首都，成为17世纪下半叶产品种类最全、款式最时髦的城市。1664年11月11日，意大利商人家庭出身、后来将成为教士的塞巴斯蒂亚诺·洛卡泰利从巴黎圣母院开始了（“职责驱使下的”）巴黎之行。随后，他拜访了圣礼拜堂，在日记中用了六行描述此行。接下来，他在皇宫百货停下（这里他写了整整两页）。他惊喜地发现，那里是“大把大把”的商店，“能够找到你能想到的任何商品”。尤其令他意外的是，大多数店由“打扮特别引人注目的女性” 149

经营。

洛卡泰利的描写也预言了17世纪的巴黎给异国旅行者带来了完全不同的体验。即便是对一位即将成为教士的人，巴黎的商业体验的吸引力也胜过欧洲最宏伟的教堂。洛卡泰利的日记也表明，皇宫百货出现的营销手段，能成功吸引消费者的关注，甚至灌输给他们新的估价和购买商品的方法。他曾反复指出，正是这些因素的综合作用，购物消费从一项乏味的体验变成了一大“乐趣”。

很快，许多欧洲人也开始同意洛卡泰利的观点。他们认为，巴黎能够给消费者更多的选择，而且购物体验也比别处更有意趣。而1664年，巴黎的高级商业也仅仅是刚开始转型。

1664年，路易十四给科尔贝尔委任了第一项重大职务，即建筑、艺术和制造业大臣，之后二十多年，此人将成为路易十四的得力助手。他长长的头衔下面，包含着巨大的权力。科尔贝尔以这个身份监督了几项法国皇家建筑的资金来源，包括卢浮宫，以及后来的凡尔赛宫。他同时也担任今天我们所说的文化大臣，有足够的权力左右法国艺术的发展。不仅如此，他还负责建造和开发今天我们所说的制造厂，比如“精灵”挂毯厂。在法国现有产业（例如里昂丝绸）的重组上，在新的产品（从镜子到蕾丝）的创造上，科尔贝尔均发挥了决定性的作用。这也正式标志着法国奢侈品产业的起步，并于1700年达到全盛时期。

在路易十四的积极支持下，科尔贝尔让法国在奢侈品产业拔得头筹。科尔贝尔在1664年的手稿笔记，也很好地说明了两人的紧密协作。专家们认为，这些笔记表达了法国经济政策的新愿景，包括改善税收体系、创立东印度公司和西印度公司。他们相信，这其中也有年轻的君主付出的巨大心血。其中两行字十分显眼：

150

复兴法国的制造业。

国王本人身穿本国纺织产品，并将分发给每一位宫廷成员。

在兑现决策上，这位法国国王也很讲究策略。在公开场合，他总是穿着国产纺织品，产商是他和科尔贝尔特别想要“复兴”的那些制造商。他本人也将法国制造的纺织品分给“每一位宫廷人士”，并且要求他们效仿自己。他深知，当这些最受关注的巴黎人在公众场合炫耀着法国最新的服饰时，这些人同时就在代言法国的奢侈品。因此，他的这个策略保证了法国在流行上绝对地引领世界潮流。

今天，人们总是把重振法国经济的功劳归于科尔贝尔。他的干预主义政策（即保护主义、重商主义或者科尔贝尔主义）对进口产品征收高额税费。科尔贝尔也要求法国制造商模仿最受法国人青睐的外国产品。他甚至还确立一些生产标准，严格控制质量，保证了法国产品的优势地位。

然而，路易十四能深刻把握时尚和潮流的驱动力量，对重振法国经济也是同等重要。比如，路易十四向潮流的推介人提供一些样品，这项推广策略对奢侈品产业的发展至关重要，且至今仍然沿用。正是君王和大臣齐心协力，时尚成为法国的一项主要产业。

1672年，路易十四授权发行一份新的期刊，这份期刊将对巴黎成为时尚之都发挥关键的作用。期刊的编辑让·多诺·德维斯得到正式发刊许可，其中有一项附加条件，即“不碰政治”。之后的数十年，多诺·德维斯无视这项禁令，掺入各类题材的报道，从战争到外交使团。不过，从一开始，他便挖掘了一个从未被期刊涉足的小众市场，即时尚的世界。在阿姆斯特丹以及许多法国的城市里，《风流信使》的巴黎版也发行着；这份新的期刊很快就吸引了欧洲各地的读者。一直以来，多诺·德维斯 151

毫不掩饰对所有法国事物的推崇；他这四十年来总是不遗余力地推广巴黎作为世界潮流之都的形象，一直到1710年去世。他在这四十年中给法国奢侈产业所做的宣传，也为该产业的蓬勃发展提供了助力。

从1672年的初版开始，多诺·德维斯选择从一个崭新的角度报道法国。他用一些专题记录时尚，这也是这个词汇的特定意义的早期实例。在1673年的一版中，多诺·德维斯使得时尚报道成为该期刊的核心部分。他再现了一段对话，据说是他在杜乐丽花园遇到两位妇女后展开的。这也是杜乐丽花园首次被描述成法国潮流的展示场所。这两位女性给他上了堂速成课，让他了解巴黎时尚追求者所关注的方方面面。她们首先谈到男性和女性的服装，然后是家具、室内装潢，还有纺织品（尤其是所有最新的法国丝绸，比如“通常被人误认为貂皮的斑纹织锦”），最后还谈到了最新的饮食趋势（其中一妇女说，连人的胃都要赶时髦哩）。

长达四十多页的叙述后，这两位女士以这样一句话结尾：“毋庸置疑，没有什么比源自法国的时尚更具魅力，而法国生产的每一件产品，都具有他国的工匠们无法模仿的气质。这也能说明，为何世界各国都在进口法国的产品。”《风流信使》的时尚信息员详细地描述了这个现象。比如，他们写道：“德国的女士们如此痴迷法国生产的鞋子，以至于刚刚就有两个集装箱（4000磅）的货物运往德国。”时尚成为话题是如此简单迅速：潮流刚从法国皇宫产生，就在巴黎的各个阶层迅速传播，从贵族到富裕的布尔乔亚到女店员。这种涓滴效应[1]随后蔓延到法国

[1] 指在经济发展过程中并不给予贫困阶层、弱势群体或贫困地区特别的优待，而是由优先发展起来的群体或地区通过消费、就业等方面惠及贫困阶层或地区，带动其发展和富裕。

的外省城市，然后才在欧洲各国的妇女中流行开来，而那时候，法国皇宫早已经进入新的一轮潮流传播了。

在17世纪70年代以前，国际时尚的概念尚未出现。大多数情形下，欧洲各国的女性往往推崇本国的民族服饰。时尚变化缓慢，奢侈品服饰更多显现人的财富和权力，而非风格和时尚。随着巴黎成为欧洲的时尚之都，时尚潮流开始跨越国界。时尚开始被出口，新的风格从一个国家迅速传播到另一个国家。从那时起，时尚逐渐成为一项国际产业。 152

时尚的传播起初是单方向的。正如《风流信使》里受访的女士所预测的，以及路易十四所希望的，欧洲各地的人开始模仿来自法国的新样式。但是这种现象如何发生，并不是简单的过程，并不是德国人在斯特拉斯堡见到别人的打扮后就会发生的。多诺・德维斯十分清楚，时髦要在欧洲盛行，广告宣传必不可少。

《风流信使》不遗余力地推广时尚。在出现女士解释时髦的运作机制的那一期刊物里，其中一位提到了她刚在当时最著名的时尚商人让・佩德里戎看到的丝袜（“世界上最具吸引的物品”）。佩德里戎是精品丝织和时尚配饰的专家，许多人认为他是巴黎最具慧眼之人。许多消费者相信，他的店里摆放的商品是独一无二的，所以纷纷光临他位于皇宫百货附近的四方商店，就像今天的人去概念店或者独家精品店。虽然其他商人也出售丝袜，佩德里戎的商品往往成为当季的时髦。在莫里哀的喜剧中有一个场景：一个角色看到另一个角色拿着从佩德里戎的店里买的缎带，立刻大呼：“这是典型的佩德里戎风格！”通过报道这家店，多诺・德维斯不仅在教导他的读者该穿什么，也在告诉他们，如何寻找当下最潮流的商品。问题的答案却总是一个，那就是巴黎。

到了1678年，《风流信使》的人气火旺，发行频率高达一月一期。

那一年，这份期刊也开创先河，开始刊登表现当下时尚潮流的各类图像。图像对新的款式描述如此详细，以至于即使身在巴黎以外，读者也可了解如何搭配服装。图4显示了1678年冬季的男士最新时尚。图上的文字提醒读者上面的重要元素，例如当时最时髦的斗篷是红底黑纹款式。

图4　这幅版画详细地说明了1678年冬季时尚男性的穿着指南，而这幅图像也成为插图本时尚刊物的起点

这份1678年1月版的《风流信使》插图也标志着，时尚服饰的图像首次用于宣传时下能在市场买到的时尚服饰。

这类图像很快便不再稀奇；它们成为人们所知的“时髦”。这期《风流信使》也清晰地表明了这项插图和时髦的市场推广之间的关系。图5也是来自这一期，该图最早标明了购买时尚服饰的场所。这种场所即高级服装店，也是巴黎成为时尚之都的关键。

153

图5　这幅绘画是让·贝朗在1678年创作的。图中的这家高级时装店，也是现代时尚营销最早的画面。墙上和柜台里的摆设的产品琳琅满目，远超过任何一位商人家中的“战果”

多诺·德维斯不遗余力地推广这种新的巴黎购物模式。这幅画（图5）由让·贝朗（Jean Berain）创作，此人是路易十四的御用设计师，

以及巴黎歌剧院芭蕾团的首席装潢师。他的作品描绘了一对热衷时尚
154 的夫妇；这对夫妇确切地参照着那年的《风流信使》图中的流行指南装扮自己。图中，这对夫妇所在的场所的装潢也像他们的衣服那样紧跟时尚的潮流。这个场所属于一位高级时装商人，里面摆放着一系列类似佩德里戎店里的潮流服饰。架子上，衣服的配饰摆放讲究。奢华的布料摆放在展示台上，尽情展示其色彩和质地，让顾客想象着它们做成时装后的模样。

这幅图像中的商店即巴黎的百货商店的雏形，贝朗借此吸引期刊的读者，这也是调动顾客情绪的早期案例。正如1678年1月这期刊物所定义的，这家新的商店能让顾客在典雅、考究的环境中找到许许多多心仪的商品。就像一位生活在18世纪的德国女士说的，这种商品的充足选择故意让顾客变得"贪婪"，那里有一切能够拿钱买到的商品，让顾客沉溺在零售店所营造的环境中无法自拔。

155 贝朗并不仅仅是为一家商店打广告，他推销的正是他心目中完美的商店形象，典型的巴黎精品店。

此后十年里，许许多多的印刷商和画家纷纷效仿贝朗，创造出一系列完美商店的形象，一些此前尚未在巴黎或别处出现的商店，他们包括克劳德·辛波尔、亚历山大·勒鲁、尼古拉·德拉梅森、弗夫·勒加缪。在他们的画笔下，商店本身成为一种艺术形式，在里面消费购物也成为一种获得奢侈品的现代手段。

在路易十四掌权之前，商人通常直接把样品带到富裕的顾客家中，供他们挑选，所以实体商店的购物行为实属少数。事实上，一家商店往往就是商家货物的存放点。街上的橱窗被百叶窗遮挡着，只有下半部分是打开的，便于路过的行人挑选商品；因此，在过去，展示物品的空间

简陋而狭小。

在现代的商店里，商人首次真正勾起了消费者的欲望，让顾客离开自己的家，去商店消费。在贝朗和其他艺术家的努力下，这种方式更显重要。在所有关于高档消费的画面中，我们看到，商人精心地展示了商品，足以吸引顾客的注意，设法让他们在店里多停留一刻，掏钱购物。在这里，艺术家们则是很好地培养了商人和顾客在商店消费的方式。

这些在17世纪80年代和90年代创作的图像，表明新的购物时代已然降临。商人们第一次认识到，为了在这座现代都市更快地卖出鞋子和布料，需要为店中的商品营造一种氛围。奢侈品成为法国的一大产业，究其原因，从商人到国王，17世纪的每个人都认识到，推广巴黎梦以及其时尚的美名（即法国独特的气质）能够创造巨大的附加值。

比如，在亚历山大·勒鲁的高级鞋匠店画作（图6）中，这家店与以往的储物室截然不同，并且显示出吸引高端客户的技巧。作品突出了顾客所青睐的个人服务，勾勒了一个选择丰富且可以精挑细选的世界，突出了这种新环境带给顾客的便利。图中一位优雅的贵族妇女，身为巴黎时尚的代表，脱下脚上的一只鞋，准备换上更加洋气的款式，鞋上有条纹，上面装饰着和衣服袖子一样精致的蝴蝶结。她背后的货架上陈列着其他款式；身边的店员随时为她测量，提供必要的修整。为带给顾客一种制造正在进行的印象，突出鞋匠店的用料和做工，架子和柜台 156 上还摆着皮料样品、木头模具，以及一些小工具，而这个陈列空间也标志着最早的现代商店的诞生。甚至可以说，勒鲁向现代商店的店主演示了让高端顾客感到宾至如归的技巧。 157

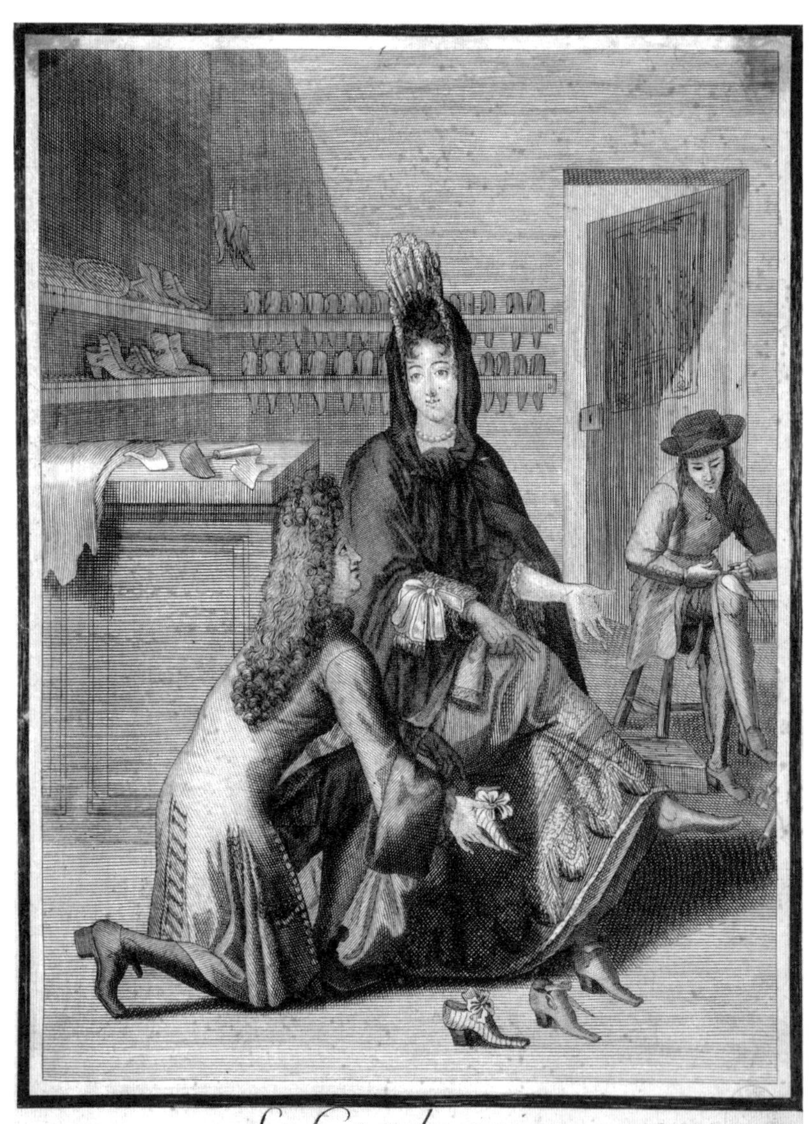

图6　此图是关于高档名品店最早的图像。鞋匠穿戴着贵族的假发和服饰，让贵族身份的顾客放松心情

图7　这些美发店增加了一面巨大的玻璃窗，让屋内更加明亮。精心的摆设也向人们炫耀店里各色各样用来做造型的饰品

当时的一幅绘画（图7）也描绘了美发店，这是另一类在巴黎流行起来的商店。店中，女士们致力于经营店铺的布置艺术，创造一些原先在家中购物无法比拟的体验。她们没有用简单的柜台，而是换上一张雕刻精美的台子，也是当时巴黎的作坊中生产出来的高级家具。她们还使用了另一项巴黎建筑业的新发明，那就是内嵌的抽屉式储物间，并且在上面摆放了许多装饰品，或者精致美观的发型，吸引顾客的眼球。 158

图8　皇家刺绣工让·马古雷推广他这家店时，主打的是舒适。通过各处使用玻璃，保证了室内的明亮；他的顾客则是坐在厚厚的长毛绒扶手椅上

当时法国刚刚实现先进的玻璃制造技术，能让巨大的玻璃嵌入宽敞的窗户里。这项技术可谓关键，因为自然光线不足，极其不利于那些刚接触商店购物的顾客的体验。嵌入巨大玻璃窗的窗户，可让室内更加明亮，与此同时，也能向外部敞开店内的世界。这个从窗户望出去的场景说明，美发店的位置不是在大街附近，就在巴黎的公共花园里，因此，去美发店的体验就像公共步行空间的体验一样，成为城市里一项新的消遣。此外，这幅图像也说明，这些独立的商店也很擅长挖掘皇宫百货的卖点，雇佣长相迷人的年轻女性推销她们的产品。

159

在这些现代商店的图像生产出来后不久，玛丽—特蕾莎女王（1683年卒）生前的御用刺绣工让·马古雷使用了这幅图像，用以推广他在圣·伯努瓦路上、位于圣日耳曼德普雷附近的商店，一家不再是虚构的，而是实实在在的商店。马古雷也告诉那些潜在的客户，他创造的这片空间，完全符合当下的潮流标准。在他的宣传中，他的商店宽敞而明亮，十分便于顾客查看不同的款式和样品。为了吸引顾客多在商店停留，马古雷在商店里摆放了一圈大号的、舒适的扶手椅，由巴黎最顶尖的作坊生产。为了让商店看上去更明亮，马古雷不仅增加了敞口的双层窗，还使用了半窗的法式门。他还用了张巨大而精美的桌子摆放物品，并且盖上精致的桌布。马古雷想要告诉他的客户，他想要让客户在店里体验到彻底的舒适自在，让贵族装扮的人服务他们，让顾客仿佛置身于一个贵族之家。　160

马古雷的广告用的是一种被称为商店招牌纸的形式。这些是大号的纸张，用来包裹客户的产品，纸上印着商店的招牌。在17世纪90年代，当马古雷使用这些招牌纸的时候，商人们正在用尽各种方法推销产品，通过期刊，或一些印有商店地址和特色产品的名片。比如阿尼奥·库罗涅的名片上，印有“皇家御用羊皮”字样。这家由皮毛商人贝吉和塞里开在玛莱区的圣凯瑟琳路的商店，名片上列举了一些店里出售的袖套和软帽。在那时候，这种广泛应用的广告已经成为巴黎的突出特色之一。

1968年，英国医生马丁·利斯特抵达巴黎后不久，惊诧地发现，相比伦敦，“巴黎街上很少有叫卖声”。他解释说，巴黎的广告已经弃用了老套的方式，不再让人们走在街上吆喝，而是改用了其他方式，但基本上都离不开印刷品。在利斯特看来，巴黎的一堵堵墙俨然成为一种日

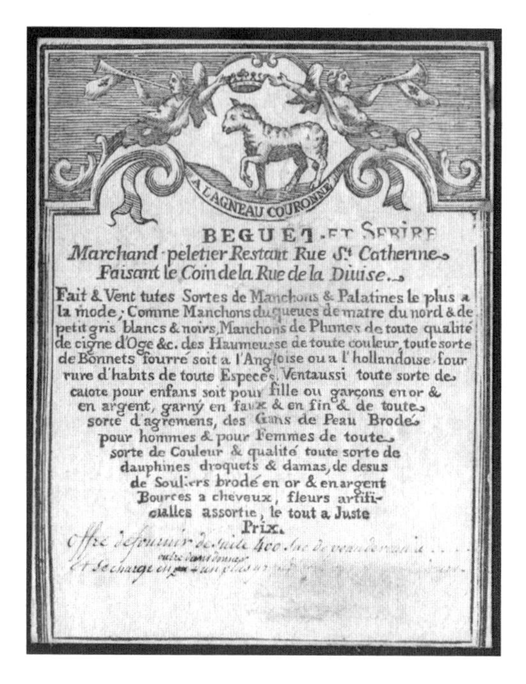

图9　这个广告列出了玛莱区一家名叫“皇家羊皮”的皮毛店出售的商品

记，记录着城市的变迁。这些墙会说话，人们走在街上，阅读着城市的语言。利斯特提到“街角有印刷的纸……文字是大号字体”，“用（一英尺高）的Uncial字体”。当他评论这些现代广告技术在巴黎如何普及的时候，他评论“这种方法的确恰当且安静”，巨大的字体，人们随处可见。

1716年，一份名为《巴黎海报》的期刊也发行了。在第一版中，编辑解释说他“不止见过一位驻法大使收集巴黎的各类海报，并且带着这些海报回去，用以展示这个王国首都的丰功伟绩”。18世纪初的法国政府代表已经了解，宣传能让像利斯特那样的外国游客了解巴黎引领潮流的方式，有益于他们开展宣传。

图10恰好创作于利斯特到访巴黎期间，它生动地描绘了巴黎城内

贴着海报的墙。墙的左边，一个人正在刷胶水，准备粘贴一张新的海报或者公告。图上的文字显示："几乎没有产品离得开广告或者海报。"在图的左边，我们可以读出那个张贴广告的人的心声："我贴遍了每条街……想激发读者的梦想。"这幅画的作者是艺术家小尼古拉·盖拉尔。他说，其实人们经过贴满海报的街道，就会很清楚，这些大胆的口号后面的现实绝非事件的关键。这些"大字体印刷"的"海报"在出售梦想，其中有告别过去、迎接未来的梦想。这些海报告诉你，如果买到合适的衣服，且合理搭配，就会令他人对你刮目相看。在这座时髦之都，这似乎也并不完全是"异想天开"。

到了18世纪初，连法语词典也在推广这个梦想。书中关于时髦一词的用法也向读者表明，"本国的潮流受到他国家的模仿，对法国来说实属幸事"，"外国人模仿法国人设定的风格"。

夏尔·勒梅尔在1685年创作的作品告诉读者，"巴黎人比欧洲任何地方的人都更懂衣着"。弗朗索瓦·贝尔涅里在描写其印度之行时，

图10　在尼古拉·盖拉尔画笔下，巴黎大街小巷随处可见广告宣传。图上方的文字写着："几乎没有产品缺得了广告或者海报"

称巴黎人是世界上穿着最潮流的城里人。贝尔涅里向来热衷于推广异域色彩的城市，然而，他却建议读者，如果要追求雅致的城市景象，应当关注巴黎而不是德里。他解释说，在德里，人们有时会见到“王公……穿金戴银……骑在巨大的大象背上”。不过，“每见到两三个穿着鲜艳的人，就会见到七八个衣衫褴褛的人”，“而在巴黎，街上见到的每十个人中，总有七八个穿得讲究，似乎出身良好。”

162 描写巴黎街上穿着讲究的人时，贝尔涅里尤其指出他们“似乎出身良好”。他借此旁敲侧击地告诉读者，尽管时尚取决于社会的最高层，在巴黎这座城市，衣服和出身并无必然联系。

在此之前，像在印度这样的地方，时尚也是身份的一种绝对标志。由于时尚风格变化缓慢，一件昂贵的衣服能够在相当一段时期内作为身份的象征。不过，只要时尚仍专属于权贵阶层，奢侈品就不可能大规模地生产。为了让奢侈品产业扩大规模，时尚必须快速、不断地变化。一些积极的商人和制造商因此努力促使时尚迅速发展和变化。正如1673年的《风流信使》中所说，其速度已经快到“几乎无法追赶”了。此外，为了让这个足以称得上“产业”的行业得到发展，必须让高级时尚普及到更广泛的人群，而不再作为少数人的专利。时尚产业必须推动时尚走向大众，让人人都能享受其成果。

不过，如果公开表明这点，很可能违背“潮流源自法国宫廷”的概念，而在路易十四看来，这正是法国奢侈品的主要卖点。事实上，为巴黎宣传的每个人都积极地维护这种自相矛盾的说法，似乎两者并不冲突。在最早的时尚报道中，多诺·德维斯就是如此处理，一方面，他向读者介绍了正确的潮流的概念，这种概念是推广法国时尚的关键。在他看来，时尚专属于法国宫廷和一些资深行家。这种潮流是“外行人和外国人无法自行创造的”。另一方面，他解释了时尚如何从宫廷产生，然后迅速传播到不同的阶层，从宫里的女性到达全巴黎的女性，甚至包括美貌的女店员，也解释了时尚如何传播到法国外省和其他国家。如果最早的大衣上用的是宝石纽扣，那模仿的款式可以使用仿造宝石；而用别的材料代替金纽扣，也可以生产出价格低廉的同款热卖衣服。

高级时尚由少数人掌握，同时又能为大众所有，这种自相矛盾的信息是巴黎成为时髦之都的重要基础。不同的旅游指南书都建议读者，巴黎有一些着装独特的人群，尤其值得关注。有位作家说，“这些人身上背着全部家当”。他们还称，外国人到了巴黎也能“面目全新”，只需“几小时的功夫”。那些手头不宽裕，或者行程匆匆的游客可以购买现成的衣服，新旧皆可；他们能够租借服饰用于特殊场合，例如舞会。他们因此也遵守了内梅兹所宣称的“巴黎游客第一规则：绝不追求与众不同，而是严格遵循时下的潮流”。在一座以衣着外貌取人的城市，游客不再是外人，他们穿着怎样的衣服，就会被认成怎样的身份。这些旅游指南似乎在告诉读者，时髦促进了社会的流动性。正如一本指南书所说，当选择现成的衣服时，“你既可以像选择尺码一样选择阶层”。

163

正是有了这些吸引力，游客指南书理所当然地认为，读者们总会来到巴黎享受购物这种体验，一种尚未有其他语言为之命名的体验。在法语中，购物有时候指的是“从一家店跑到另一家店”，被一位作家称其“令人疲倦”。有些指南书，尤其是内梅兹的作品，重心则是让国际游客了解这项都市新娱乐的规则；他甚至用这个重心作为作品的副标题《如何正确地在巴黎消费》。另外一些人，比如马拉纳，则是提醒读者，如此琳琅满目的奢侈品可能会让游客“迷失自我”，因此劝读者“精打细算，让每一分钱都用对地方”。马拉纳也最早提醒读者，要审慎对待现代商场的营销技巧。这技巧就是给人过度刺激，使人一时间失去自控能力，增加冲动购物的概率。

在所有的作品中提醒读者，巴黎的购物将让他们掏空腰包时，内梅兹还增加了一条建议："钱应该让人花得愉悦，花得心甘情愿"，从这个角度来说，巴黎以及"法国式购物"可谓无可匹敌。他认为"精美的服装"也是游客最值得投资的，而他的关切也简单：他想帮读者买到物有所值的东西，即当时的巴黎商人称之为"合理的价位"。这个新的词组表明，在高档名品店，固定的价格已经开始取代市场上长久以来通用的议价方式，同时也表明，巴黎的奢侈品商人已经为自己选定了一个利基市场[1]，专门提供最高品质和最新潮流的商品。产品的这种附加值也能解释，为何这"合理的价位"会比欧洲其他国家的更高昂，且不可议价。

164

内梅兹认可这个解释。他明白，他的游客读者会对比同一样产品在欧洲不同城市的价格，因此货比三家是理所当然。内梅兹解释说，一些情况下，价格无比重要。比方说，哪里买到内衣不重要，英格兰，还是荷兰，哪里便宜就选哪里。然而，对高档时尚品来说，这个道理并不适用。最时髦的商品，当然也最昂贵，因为别处无法找到。为了表达他的观点，内梅兹向读者介绍了17、18世纪之交最著名的奢侈品商，拉弗雷奈（Le Frénai）。

内梅兹说："他人的看法最重要。"他想借此表达的是，在巴黎"只有来自拉弗雷奈的东西才具有吸引力，才算得上潮流"。也许别的地方你能找到看上去类似的产品，但是对时尚的内行人来说，你糊弄不了他们，他们一眼便能看出你的东西是否购自拉弗雷奈商店。被人说你的东西来自拉弗雷奈，或者能底气十足地告诉别人自己的东西买自那边，

[1] 即小众市场。

这都绝不是金钱能够比拟的。

在商人中，拉弗雷奈是最早认识到自己品牌的金钱价值的，也是最早认识到名字能为店里的商品增加价值的。就算是把商店开到圣奥雷诺路的商场以外，他的名字依然能够为其商品增加价值。因此，他在巴黎许多地点开了分店，在皇宫百货保留了一个柜台，其实也相当于最早的连锁商店。拉弗雷奈甚至将带有他名字的产品远销国外，并且轻松地收回了运输的成本。内梅兹这样告诉读者："拉弗雷奈的产品卖到国外，可以抬高标价。"

事实上，拉弗雷奈坚信自己名字的价值，他也成了第一位挑战商品不标价、可以讨价还价的传统的商人。内梅兹解释说，在巴黎其他地方，别人可以讨价还价，而拉弗雷奈"自己定价，不允许议价"。他的商店因此也是最早发明固定标价的商店。1698年，马丁·利斯特来到巴黎时，对此颇感惊讶。利斯特认为，这让买卖变得"迅速而简单"。他形容这是"对商店里的所有产品明码标价"。在所有的营销策略中，拉弗雷奈主要依赖的是时髦的价值。

165

1695年，也就是在内梅兹向全世界的读者阐释拉弗雷奈的策略之前近二十年，一位名叫洛朗·博尔德隆的剧作家兼记者编了一段对话。对话中，一个角色问，怎样才能买到正确的潮流商品。另一人回答道：你得"经常光顾拉弗雷奈（的商店）"。拉弗雷奈有着敏锐的眼光，他带给你的，不仅仅是一件衣服。即便你对时尚一窍不通，拉弗雷奈也能给你一种独特的气质，让你看似"来自法国宫廷"。这让很多读者跃跃欲试。

在博尔德隆写完这段话后不久，英国一位专门写册子的作家伊拉斯谟·琼斯出版了一种册子，抨击法国时尚产业改变了长久以来的旧有模式。这份册子也表明，17世纪旅游指南以及期刊中所宣称的时髦的力量不可小觑，许多人开始正视这个问题。琼斯认为，在大城市，且也正因为这些大城市，时尚不再是身份的绝对象征。现在，“有漂亮的羽毛，就有漂亮的鸟儿，素不相识的人穿上好看的衣服和配饰，也会赢得别人的赞赏”。他还提醒读者，法国商人设立的这套时尚新体系“鼓动每一个人尽其所能穿着高于自身社会阶层的服装；尤其是在大型的、人口多的城市，遇到的大多是陌生人，被很多人误认为是上流社会的人，实属一大乐趣”。在时髦之都，任何人改头换面，都只是几下子的工夫。

像拉弗雷奈这样的商人获得巨大成功的手段所带来的，不仅仅是社会的焦虑。巴黎商人中，商品远销欧洲他国首都的不在少数，弗雷奈仅是其中之一。为了实现这种扩张，他依靠的是法国商人组成的关系网。在17世纪最后几十年，这些商人在欧洲各地设立商店，只出售巴黎的奢侈品。那些最富裕的欧洲人仍然从巴黎的商店里掏钱，为自己的衣橱添加衣服；有些时候，他们购物数量如此之大，大到登上了《风流信使》。不过，外国首都的法国商店遍地开张后，越来越多的人能够买到巴黎的最新潮流。到了世纪末，奢侈品越来越普遍，以至于法国以外的许多观察家对这方面的巨额消费深表忧虑。

1701年，剑桥毕业的埃利斯·维尔亚在其欧洲各国行的叙述中，谈到他的同胞“痴迷……任何带有法国名字的东西”。他痛陈“大批法国人跟风，把奢侈品输到国外。”他宣称“意大利、西班牙、德国、英格兰和荷兰充斥着奢侈品”，并说这些海外开店的法国人“不到十年……腰包鼓鼓”。他说，这是“法国人的精明之处，对自己的产品大开高价”，也是欧洲人的“癫狂”，“非进口不买，非高价不买”。

166

其他人也尝试估量这种“癫狂”对法国经济的价值。早在1679年，一份写着J.B.（此人可能是那位名叫斯林斯比·贝瑟尔的英国富商，也是自由贸易倡议者）的册子曾警告那些“时髦夫人”的欧洲奴隶，虽然

“法国没有金矿银矿……他们手头的金钱却不输给欧洲其他地方的总和”。他的论断是公众舆论的重大转向的结果，这种舆论转向始于17世纪70年代的英国，正值法国占领奢侈品产业。结果，英国人开始严厉批评法国人，并且指责法国人腐化了英国的宫廷。18世纪60年代，意大利丝绸商人安东尼奥·扎农也评估了法国统治高档时尚产业的经济影响。他认为，“时尚是法国绝对的财富，不仅巨大，而且长久……是最宝贵的资本”。

1673年，多诺·德维斯在介绍法国时尚的新世界时，称其为“风格和时尚的帝国”。一个世纪后，欧洲人对这个词组的理解仍然停留在字面上，他们认为法国人将时髦打造成一个现实世界的帝国，不同于其他帝国，法国人用自己生产的商品发财，而不是依赖遥远的殖民地挖掘财富。当你细数那些时尚所统治的领域(从法国的“丝绸以及廉价艳俗的服装”，到法国的“葡萄酒和白兰地”)，你能清楚看到，法国的出口品完美无缺。在评论家看来，正是这些东西让法国“逐渐榨干欧洲的庞大财富”。尽管人们估算出的贸易逆差值各不相同，却都能说明，法国明显处于优势地位。一位评论家说，早在17世纪70年代，英格兰和法国的贸易逆差就多达一百五十万英镑。

评论家一致认为，让“缎带、蕾丝、香水……以及其他花哨的商品”成为国家财富，路易十四功不可没。路易十四“鼓励并且推动了外贸和制造业”，而科尔贝尔“利用巨额关税，阻止外国商品进入法国”，以此带来巨大的贸易顺差，令他国羡慕不已。为了证实这一观点，扎农大段引用了战略大师科尔贝尔“如何防止肥水流出法兰西王国”的原话。 167

在科尔贝尔逝世后将近一个世纪，欧洲人仍然急切地想要了解，他是如何让时尚变成一座金库。不过，即便清楚他的策略，也是徒劳。就像许多批评法国牢牢占据奢侈品产业的人所言，没有人能让法国时尚的侵略减速，更别说阻止了。路易·安托万·德卡拉乔利是意法双籍的作家，他对18世纪的这个现象有着敏锐的观察。在他看来，路易十四和科尔贝尔所释放的力量本身就有一种强大的生机。他说："由于商业是一个连接国家的纽带，这就不难理解它也让欧洲更加法国化了。"他还说："欧洲的小孩还没学会走路，就已经能结结巴巴地念出'巴黎'这个词语，[知道]这是一座美妙的城市，生产着一切优雅和厉害的东西。"

一个人如果自小就为服务时尚王国而培养，那他日后来到巴黎，就会发现，儿时学到的时尚课并非空谈。到18世纪中叶，巴黎已经成为名副其实的时尚之都，以至于当时一份专门研究城市商人和手工艺人的年鉴写道，有半数的商店出售奢侈品和服饰。巴黎有超过1500位女裁缝和服装设计师，而出售成品的商人却只有300多位；经营高档时装的男装店有2000多家，而专门定制和替换玻璃的工匠却只有80位。"法国的时尚工厂不分昼夜地运作"，大量产出一种又一种新的时尚；多亏了街道照明，巴黎的商店可以运营到晚上十点甚至十一点。时尚也像这座现代之都一样，入夜不寐。

从另一方面，当时巴黎已成为今天我们所认识的巴黎，一座游客能够处处发现营销风格和时尚的都市中心。没有哪座城市像巴黎那样，与潮流和高级时尚的关系如此持久，如此深入。从17世纪晚期以后，奢侈品行业成为巴黎的优势产业。

然而，时髦的真正影响发生在巴黎以外。每个主要的城市中心都有自己的时装圈，而每一个现代的时装圈都应归功于法国时尚产业的塑造和产品营销策略。17世纪的巴黎定义了今天我们所知的购物——货比三家后的购物，室内的购物，在精心布置、员工装扮考究、顾客肯为最新款或者认可品牌买单的场所的购物，以及作为消遣的购物。巴黎带给我们最早的时尚广告、时尚杂志，以及时尚潮流的概念。在17世纪，大多数人认为，整座巴黎都在交易时尚。甚至到今天，这个看法从很多方面来看仍有一定道理。 169

第八章
金融和新财富之城

在乡村和小镇，一个人如果家财万贯或者家世显赫，并不会表现得太明显。而在城市中心，富人和穷人之间的差距通常泾渭分明。这样的现象并非新鲜事物。

消费要体现出不同阶层的差距，城市中心就必须提供数量充足、类别多样的奢侈品。消费也需要传播到这类高价商品传统的客户群以外的地方，这是因为，传统的皇室宫廷或是贵族只能在相对私密的宫殿或者宅邸享受这些。此外，奢侈品的新客户不能显得自己谨慎和挑剔，反而要毫不遮掩地显示自己财力雄厚。最后，要清楚体现财富和地位的优势，必须在一个人口众多的城市消费，有着源源不断的旁观者，且这些人还要清楚消费品的价值。

17世纪的巴黎汇聚了上述这些因素。巴黎出现了一群新晋的富人，高调炫耀着巨大的财富，这座城市随之成为欧洲消费炫耀的首都。

那个世纪，这座法国首都有着无数高调炫耀财富的方式：奢华无比的宅邸，精品店里或花园散步者的华丽服饰。林荫大道上，最时髦的人往往一眼便可辨认。

然而，许多情况下，这些时髦而富有的人并不是表面上看着的那样。他们并不是在路易十四统治时期巴黎的上层阶级。 170

人们通常把17世纪的巴黎描述成一个贵族统治的世界，社会阶层僵化，财富长期以来集中于富裕的贵族手中。然而，尽管旧有的财富确实为巴黎的面孔增加现代化的光彩，新的巴黎的绝大部分得益于新晋富人的贡献，而这些迅速发财的人完全位于传统的权力圈子之外。整个17世纪，无以数计的炫富者都是来自巴黎以外、出身平凡的人。那些受到最广泛关注的，总是些来自穷苦家庭的外省年轻人，他们来到巴黎后，迅速创造了大把财富。他们一夜暴富、脱胎换骨，而这一切归功于和他们几乎同时起步的高级金融业。

17世纪巴黎的主要都市工程包括皇家广场、圣路易岛、旺多姆广场、时尚街区的一切亮点，以及每一条新建或者拓宽的大道，这些新型且外观引人注目的建筑往往容易获得某一群人的资金投入。这群人被路易十四的宰相黎塞留枢机（Cardinal Richelieu）称为法国社会的“圈外势力”。在17世纪，这些金融精英的影响力与日俱增，而黎塞留知道这个圈子里有哪些人。在黎塞留眼里，这些人在法国社会占有一席之地，有自己的势力范围。他认为，尽管这些人过着贵族般的生活，享受着传统上应专属王公贵族的影响力和生活方式，许多人血统上却并不高贵。

在旅游指南书里，这些金融精英对城市的影响往往被描述成现代巴黎的一大特征；这些书的作者总是能够指出，他们推崇的一些值得一游的建筑，往往为金融家所有。事实上，在17世纪的巴黎被视为具有重大建筑意义的新房屋，半数靠那些通过高级金融发财的人出资建造，而非继承祖辈财富的贵族。在17世纪，“金融家”建造的宅邸是那些贵族人士建造的三倍多。这现象有目共睹，正如1707年的一本指南书所言：“所有人都知道，[巴黎的]金融家带给这座城市今天别样的光辉。”

不过，巴黎的现代建筑所沐浴的“别样的光辉”，并非只有金融家的功劳。另一群人（地产开发商）也在这座城市的蓬勃发展中脱颖而出。他们靠的是地产投机。像金融家一样，他们也非圈内人，也出身卑微，来自巴黎以外。就像那些富可敌国的金融家，财力显赫的开发商也是成功脱胎换骨，以惊人的速度聚敛财富。

171

这些金融家和开发商是推动巴黎大改造的主要力量。没有他们的巨额贷款和投资，没有他们的冒险气魄、商业直觉、远见卓识，传统当权者，无论君主还是市政府，都没有可能实现这次大改造。

这些惊人的成功故事自然成为许多人的谈资，因而也催生了一种城市偶像：白手起家者。在这座不断发展的新巴黎，人们开始相信，谁都有机会发家。外省的乡下穷小子可以身无分文来到巴黎，在短短几年内成为地产或者金融大亨，在过世前留下一笔他人遥不可及的财富。

然而，身无分文的穷人变身呼风唤雨的金融家，人们对此的评价向来不佳。巴黎人也许能接受在新桥或是杜乐丽花园遇见来自不同阶级的人，却并不欢迎平民一夜暴富的社会新景象。

在许多人看来，17世纪的巴黎，财富的诱惑无处不在。一些评论家观察到，“巴黎遍地黄金”，这座城市是“富人的天堂，穷人的地狱”，因为走走就是商店，“琳琅满目的商品，让你难以抑制购买的欲望”。同时，金钱的力量颠覆了长久以来阶层和影响力的格局，谁有能力迅速发财，谁就可能主宰这座举世公认的世界之都。正如1694年的一位评论家所言，“我们这个世纪，金钱就是一切；金钱代表绝对的权力，有钱就是主宰……即使出身极其卑微，有了金钱，照样能成为贵族”。

许多人并不能轻易认可金钱在巴黎的主宰地位。

从政治小手册到回忆录，从法律文献到小说和喜剧，文本里的金融家往往遭到激烈批评。各路出身的作家，无论是权高位重的官员还是无名的讽刺家，都用“吸血水蛭”形容这些新财富的创造者，说这些人榨干这个国家的血液，让老实的市民落魄潦倒。

172

这些人的发展和崛起，对现代巴黎的塑造意义非凡，17世纪的作家创造了一个词库用以描述这一群体。这些法语词汇今天也出现在其他语言：nouveau riche（新富人群），parvenue（暴发户）。同样，financer（金融家）这个词也是对今天从事大规模金融交易的人的常用称呼。这个词首次出现在英语里，是在1652年出版的《法国的现状》一书，作者约翰·埃弗兰用这个词解释“国王收入”的运作机制，并形容“大金融家吸干了法国人民的血。”

人群首次以经济地位被划分，以及专门用于定义暴富者的词汇也在历史上首次出现，并被欧洲人使用。这类人之前也存在，却并没有形成如此庞大的规模，大到让一个社会用正式的语言描述这种现象。此外，在诸如威尼斯和阿姆斯特丹等欧洲城市，大多数新富人群都是通过贸易积累财富，尤其是对外贸易。相比之下，17世纪的巴黎暴发户则是通过金钱交易聚敛财富，而非货物交易。

金融家出现于1600年左右，当时的法国君主第一次遇到了财政问题，而自此之后，这类问题便成为现代国家的顽疾。

在17世纪以前以及该世纪初期，法国多数时候收支大抵平衡。亨利四世的金库甚至还略有盈余（亚当·斯密称，他是最后一批量入为出的君主）。随后，在该世纪的前二十五年里，财政支出开始超过收入。于是，那些曾在16世纪主宰欧洲国家财政的银行家，逐渐失去了在法国的主导地位，尤其是意大利银行家。那些被后人称作银行家的人，当时主要处理外汇以及欧洲范围内的资金转移。比如，一位君王要为驻扎海外的士兵支付军饷，他会寻求银行家的帮助。然而，当法国君主开始史无前例地大手笔花钱后，对另一类金融代理人的需求就十分明显了。由此，里昂也失去了金融中心的地位。里昂过去和意大利银行家联系紧密，因而成为法国金融的中心。然而。到了17世纪30年代，在巴黎这个金融家的摇篮，法国皇室日益依赖新的金融代理人，城市也因此成为法国绝对的金融枢纽。

在16世纪，法国宫廷的收入保持稳定，每年约800万到1200万里弗。相比之下，在17世纪上半叶，这种形势急转直下。比如，在1590年到1622年之间，财政年收入从1800万升至5000万；到了1653年，其总额达到10900万，并且在路易十四在位期间保持在一亿以上。这意味着法国的君王能够支配的资源远远多于他在欧洲几个对头。一位18世纪的著名经济学家预计，路易十四在位期间，法国财政收入是英格兰的四倍多，是荷兰共和国的三倍多。

173

这些收入中，仅有很小的部分用于装点门面。1600到1656年间，皇室的支出仅仅从300万里弗增加到600万。在1600年，皇宫的支出占总预算的31%，而到了1656年却仅占7%。在那半个世纪里，用于战争的开支改变了法国财政的面貌。

从1615年到1715年，法国有六十年都在和外国发生战争；此外，另有五年耗于内战。此外，欧洲人发动战争的规模之庞大，也史无前例。

三十年战争（1618—1648），大同盟战争（1688—1697，又称奥格斯堡同盟战争），以及西班牙王位继承战争（1701—1714）使得武装冲突的代价越来越昂贵。然而，法国的战争机器却一直增长，从未止步。例如，在16世纪90年代，法国皇家军队只有四万人，不到一百年后，路易十四麾下的军队增长到四十万人。法国几乎没有海军，而其头号劲敌英格兰和荷兰拥有强大的海军，于是法国也重资打造了自己的舰队。在1661年，法国海军的“舰队”仅有18艘破旧不堪的舰艇，但很快便增加到120艘。

发生如此变化，是因为法国掌管财政的人开始遵循一种新的逻辑，这种逻辑后来被亚当·斯密称为“战争时期签约借债的必要性”；“一笔急用的巨额费用……无法靠缓慢的新税收来补足。在这种紧急情形下，政府没有别的资源，只能借款。”

法国政府的账本将支出分为“正常”（皇宫的支出）和“非常”两类。由于战争费用增加，从1600年到1656年间，“非常”支出迅速增长，由700万里弗增长到一亿。出现预算赤字后，国家开始大规模借款，因此，到了16世纪末，另一种金融代理人，即金融家出现了。

最早的金融家和皇室签订税收或借款合同；他们还买下一些办公室（有些时候，这是通过皇室组织的拍卖会），建成和政府关系密切的私人财政管理系统，这种系统在17世纪增长迅速。作为回报，他们也获得了征收一种新的税费、进口税或出口税的权利，保证他们从政府那里获得稳定收入，并且保留份额可观的利润。合同的条款因供需关系而异，但金融家贷出去的利率远远高于官方的5到8个百分点。当战争形势恶化，国王急需用钱，25%的利率便成为通用标准，由此导致“非常”支出的稳定增长，因为这一项支出还包括贷款利率。 174

税收合同对皇室尤其有用，因为达成协议后，资金马上到位。很快，50万里弗金额的合同不再稀奇；许多合同数额更大。当然，很少金融代理人有资本进行如此大额的交易：当时掌握着法国的财政命运的，很可能是个不到一百人的群体。随着需求增长，国王越来越依赖借贷，符合条件的群体越来越小。因此，巴黎最早的几笔巨额财富不是来自商业或者工业的利润，而是来自高级金融。事实上，到了17世纪中期，法语的“商业”只是表示金融方面的业务。如果一个人“经商”，人们就知道他是在从事高级金融业务。高级金融也让法国君王免于财政困境：在法语里，“融资”的最初意思是“给国王提供资金”。

法语里很快出现一系列用来形容不同金融家的词汇：traitants（来自traité，表示税务或借款合同），partisans（来自partis，另一个形容这类合同的词语），fermiers（farmers，因为收取税金的过程被称为“收租”），maltôtiers（来自maltôte，指不合理的税收）。只有在巴黎这座城市，大多数的金融家才能运作产业，他们的财力也得以展示。由于这些人愿意投资公共工程，愿意承担金融风险，确保了城市再造过程的每个阶段得以实现。

今天房地产无法避免的束缚，是“位置，位置，位置”。对于向现代巴黎提供资金支持的那些人来说，这在当时也同样是束缚。在1600年，富人想要在巴黎盖房子，合适的位置极少。土地供应充足，但理想的位置，那种适合建房屋、为房产增值的地方，却很难获得。到了1700年，巴黎就不缺合适的位置了。无论左岸还是右岸，都能找到设计新颖、遵循最新城市规划标准的街区。

175

皇家广场最早直观地感受到现代城市的经济活力。国王亲自挑选两人，赐予他们面向广场的土地。这两人分别是夏尔·马尔尚和让·穆瓦塞，他们是新巴黎的标志性人物。

在最早一批住在广场的居民里，马尔尚是唯一一位房地产行家。

当时，他刚建成巴黎最早由民间投资的大桥，算是完成他人生中最风光的事业了。他承担了整座桥的项目，这座桥连接西岱岛和右岸，被他称为马尔尚桥。（这座木桥于1621年毁于火灾。）

我们近来得知，当时资金最雄厚的一位投资家乃是让·穆瓦塞。穆瓦塞白手起家，事业一路上升。“为表彰他对经济投资的贡献”，亨利四世授予他贵族头衔。事实上，在亨利四世开始重建巴黎时，穆瓦塞很快签订了很多贷款合同。然而，他绝不是那种位于权力中心地带的人。

穆瓦塞出生于法国西南部的蒙托邦，家境贫苦。1585年，他进蒙托邦城寻找工作，在雷涅尔斯男爵家中找到了一份家仆的工作，取得男爵的信任。男爵后来安排他师从一名巴黎裁缝。穆瓦塞没有钱搭乘公共马车，于是，在1592年，他徒步前去巴黎，整整历时一个月。在他的遗嘱中，穆瓦塞称自己在1592年时“一贫如洗，举步维艰”。然而，一到巴黎后，这位学徒很快成为一名成功的裁缝。他抓住一次机会，取得了突破。当时他和一位客户到佛罗伦萨商谈亨利四世的婚礼。在那里，他拿出自己的积蓄买了精致的布料，然后卖到法国，获利颇丰，他将赚到的钱投资到贷款合同中。

穆瓦塞在同代人中名声不佳，主要是因为他为人不诚实，还做过些“龌龊”的勾当。有一回，他因为在宫廷盗窃差点被判死刑，好在亨利四世的情妇出面相救。尽管如此，穆瓦塞对国王如此重要，以至于成了国王的顾问，国王总会听取他的意见。1603年，亨利四世甚至让他担任市财政管理系统中一个获利颇高的职位。这个在1592年还身无分文的穷小子，如今的经济地位发生了惊人的转变，到了1605年，他出资450万里弗，买下国家税务署的一个职位。到1609年，穆瓦塞如此富足，不仅买下皇家广场最佳位置的连栋房屋，也就是人们所称的“大塔楼”或

“皇家塔楼”（今天我们称之为“女王塔楼”），还买下了卢浮宫附近的连栋房屋，以及邻近巴黎的一座城堡，让国王和女王都成为座上宾。甚至黎塞留也注意到穆瓦塞从“卑微的裁缝到富有的金融家”的华丽转身。

176

1634年，皇家财政账本上记录了前所未有的支出剧增。1633年的支出为7200万，然后增长到1.2亿，后一年达到2.8亿以上，其记录后面几十年都没能打破。在1634年和1635年，黎塞留决定让法国正面对抗哈布斯堡王朝，三十年战争发生重大转折。这也使得法国大幅增加军事支出，从金融家手中的借款额也急速上升。

17世纪30年代初，巴黎史上的一大房地产热潮开启了。1633年，在塞纳河新竣工的“魅力之岛”上，第一笔巨额的房产交易诞生；这座圣路易岛上，最华丽的宅邸均建于17世纪40年代初。与此同时，塞纳河两边，国家分别将一块未开发的巨大空地出售给开发商，这现象也属巴黎历史上特有的。这些建设项目之后，巴黎的市中心再也没有如此规模的大兴土木，而是只能从现有的边界向外拓展。此外，对大部分新宅邸的买主来说，其财富均离不开“三十年战争”的关系。

当时成形的左岸，由今天的第六区和第七区组成，而右岸的新建地区差不多等同于今天的第二区。尽管每个区都由一批开发商负责，这些工程中的绝大多数项目均由一个人包揽，这是和这些工程的规模同等令人称奇的一点。路易·勒巴尔比耶很可能就是那个对巴黎的塑造居功劳第一的私人投资者。很难理解，此人在今天几乎默默无闻。

勒巴尔比耶出生于奥尔良，家境十分普通。17世纪初，他来到巴黎，很快娶了一位从事小规模房产投机的富家千金；1610年，他在最早的一代金融家中崭露头角。到了1622年，他和一群开发商合伙，从国家手中购买开发权，开发直接连通卢浮宫的区域，从那时起，他找到了属于自己的使命：成为第一位现代地产开发商。之后的二十多年，他以惊人的速度开发房产。

卢浮宫对面的地块开发项目耗时漫长，直到17世纪30年代才结出果实。其耗费也很庞大，涉及几十万里弗，而论投资之多，没有谁能企及勒巴尔比耶。此人聘请杰出的建筑师，在大片的地面上建造豪宅，让买家直接购买成品，这种做法也让他大大提高利润。为了让这些房产增值，他还出资建造了一些便利设施，包括一座桥（红桥，也就是今天的皇家桥的始祖），一座巨型水泵以及用于输水的铜管，一片河堤（部分即今天我们所知的伏尔泰堤），一座有棚的勒巴尔比耶市场。最重要的，是一些现代风格的街道，比如巴克路、韦纳伊路、贝勒夏斯路、圣父路，这些街道今天仍然是巴黎最富裕的地段。勒巴尔比耶的这项工程也为一个新的街区（圣日耳曼郊区）奠定了基础。

177

在17世纪30、40年代，巴黎以前所未有的速度和规模扩张，而这批最早的金融家则包办了一半以上的新建居民住宅。当时，84%的金融家居住在自建的宅邸，许多都可媲美贵族的住宅。其中，有四分之一的宅邸为四室套到六室套，16%有十室套或更多，还有一座是三十室套。

圣日耳曼郊区也有部分是城市金融精英的宅邸。不过，金融家通常选择居住在靠近权力中心的地段，比如卢浮宫、黎塞留宫，以及今天的皇宫（枢机宫）。因此，他们买下了勒巴尔比耶其他主要投资项目的几乎所有土地，在右岸形成一片城市飞地。由于这片地方的南段靠近黎塞留宫殿的花园，人们称其为“黎塞留街区”。

勒巴尔比耶的这次开发填补了卢浮宫附近最后一块巨大的空地，也是14世纪以来对巴黎右岸的第一次重大的开发。今天，这块地方从巴黎歌剧院一直延伸到哈勒斯，从皇宫花园一直到巴黎的几条林荫大道。1632年，一个商人团买下了将城市向北扩建的权利。勒巴尔比耶赢得了迁移进城入口的合同，主要是圣奥诺雷大门，以及在卢浮宫附近建造新入口的合同。这次开发的计划由黎塞留本人发动，计划旨在建立目标宏大、立足长远的基础设施，包括可航行的运河和一项重大创新工程：用地下的排污系统，使用运河水，保持城市环境整洁。

虽然一些项目最后没有实施，最后落实的部分也是成果斐然。勒巴尔比耶几乎完全用钱买通了他的同行，进而建造了一些美丽的街道，包括今天的小场路和圣安妮路。他忠实于自己的风格，建造了一系列配套设施。在1636年，他规划了一个大型肉类市场，里面足以容纳18个摊位，每个收500里弗的年租金。为了吸引商家入驻，勒巴尔比耶建造了一些档次适中的房产，最早搬入的有锁匠让·德斯波茨、泥瓦匠西蒙·布歇、裁缝安德烈·蒂塞德，还有酿酒师亨利·布罗卡尔等人。

178

勒巴尔比耶还以总承包商的身份将小的地块合并，他和路易·勒沃、弗朗索瓦·芒萨尔等建筑师合作。勒沃在1637年建成了这片区域里的第一座豪宅。正如这幅由芒萨尔的设计作品图画所示，这里引来了大批的住户，和大门以外的街道隔开，自成一片世界。马萨林和科尔贝尔都住在勒巴尔比耶买下的土地上，科尔贝尔在1665年买下了这座由勒沃在1637年建成的住宅。在后面的几十年，那比逐步兴起的金融界人士，无论有头有脸，还是默默无闻，都被吸引前来。甚至在17世纪末18世纪初，时任皇家顾问的皮埃尔·克罗扎也选择了黎塞留路。这位最伟大的金融家，也是一大巨富，打算在这里建一座豪宅，收藏他数目庞大的艺术藏品。

勒巴尔比耶通过投机赚得一笔巨大的财富。1639年，他的女儿嫁给当时巴黎高等法院的一位要员时，这位骄傲的父亲出了一笔20万里弗的嫁妆，且全是现金。到了1640年，形势发生急转。金融家发行了一

图1 在这座位于卢浮宫附近的新居民区，有许多土地被当时法国一些重要的金融家买下。那里有当时顶尖建筑师建造的住宅，也是巴黎当时最气派的住宅

179

系列金融工具和票据，保证持有者能够获得固定的收入。然而，只要有一人违约，将很快会引起连锁反应，当其他人发现手中的票据变成一叠废纸，就会发生严重的危机。只要有一位合伙人破产，就能让勒巴尔比耶陷入这样的境地；如此高风险的生活令他的局面迅速失控。1641年勒巴尔比耶去世时，他已破产。而在那之前的二十年，让·穆瓦塞也有类似的经历，损失了一笔1200万的巨额财产。

不过，穆瓦塞和勒巴尔比耶算是运气欠佳。在接下来的这个世纪，其他人用同样的手段积累了前所未有的巨额财富，这种发家速度，在当时几乎不可能有其他途径。巴黎的大历史学家亨利·索韦尔亲历了这段历史。据他预计，截止到17世纪60年代，“巴黎有400多人身价超过300万里弗”。

从1685年起，战争让这些人大发横财。17世纪晚期是经济学理论家辈出的世纪，这些人对金融家的获利估算值大体接近。塞巴斯蒂安·勒普雷斯特雷·德·沃邦认为，在奥格斯堡联盟战争的六年里，金融家至少获利1亿里弗；皮埃尔·勒珀桑·德布瓦吉贝尔认为这个数额接近1.07亿，而且这些也仅仅是3.5亿里弗的皇室借款合同中的获利。

当这些金融家钱袋鼓鼓，最意气风发时，黎塞留街区扩张中迎来了该世纪最重大的一个工程，也就是今天我们称之为旺多姆广场的居民广场，与多年前开启巴黎房地产开发黄金时代的皇家广场遥相呼应。

旺多姆广场最先是在1685年由路易十四规划，起初的名字是征服广场，用以纪念路易十四的几场重大胜利。然而，从那时起，胜利纪念仪式越来越稀少，皇室财政不断吃紧。1699年，原先的广场计划遭弃。

很快，一个民间投资团体重新启动了这个项目，并且给了这座广场一个新名字，路易大帝广场。从广场竣工的这幅版画（图2）看来，这座

图2　这是新建成的路易大帝广场，由佩雷勒兄弟绘制。大多数连排房屋都是金融家的住所

新的广场就像皇家广场一样，周围是连排房屋，有着整齐划一的立面，屋内可自由设计。不过，皇家广场附近的土地是通过皇室赠予的，而这次土地则是由巴黎市政府负责出售的。 180

在波旁王朝长达两个世纪的统治中，这次土地交易正好发生在经济最糟糕的时期，因此只有一位顾客有能力迈出一步。皮埃尔·克罗扎有位更富有的兄弟安托万，此人是广场附近第一位建成宅邸的人。很快就有两个"收税人"加入，再往后其他金融家也争相跟随。当安托万将女儿嫁给家道中落的贵族艾弗瑞伯爵（伯爵本人也负债累累）时，他不仅为这位女婿出了所有礼金，还给了女儿50万里弗的嫁妆。然后他买下自己房屋附近的土地，为这对佳人盖建更大的住所。有能力住到巴黎这些最新的黄金地段的，也只有金融家和向他们借钱的贵族。

在旺多姆广场的居民中，既非金融家也非其亲戚的，只有两位杰出的建筑师：皮埃尔·巴勒以及儒勒·阿杜安—芒萨尔。他们对这里的开发起到了重要的作用，他们还在广场和附近设计了许多住宅楼。在布里斯著的多本卷的巴黎奇观介绍中，关于城市发展的负面评价几乎为零。而即便是他这样的人，也形容路易大帝广场的第一批居民是"一小撮富有的人，亏得命运开眼、不公和阴差阳错，让他们即使在战争年代，也获得了媲美皇族宅邸的房屋"。对安托万·克罗扎公馆中这些浮 181 华的装潢，布里斯还直截了当地挖苦道："到处闪着金光。糟糕的品位在某圈中大行其道。"

当时的城市历史学家如此形容，"广场附近新的街道立刻被美丽的房屋所覆盖"——当然，美丽的房屋属于城市的金融精英。地图上增加了另一个街区，其名为"路易大帝广场街区"。

这个街区位于城市的边缘地带。这幅1705年发行的图像（图3）

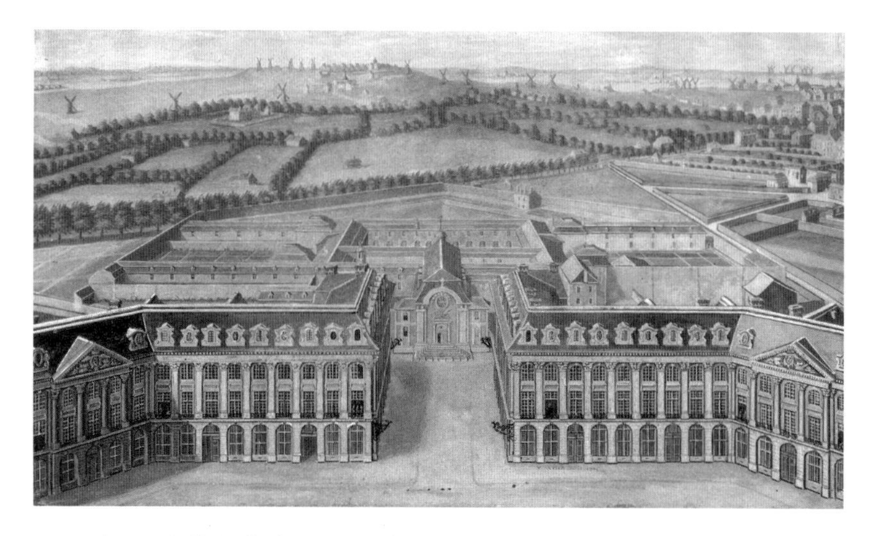

图3　路易大帝广场位于城市的边界。这个广场北边有“林荫大道”穿过

中，可看到广场北边的一排房屋：房屋的后面，是路易十四时期巴黎林荫大道的一段，当时竣工不久。在那后面，是一望无际的田野。在法国濒临破产的时候，这些金融家兴建豪宅，自成一个社区，外有大门紧闭，隔绝当时城市别处弥漫的苦难。

事实上，“堪比皇族宅邸的房屋”如雨后春笋般在广场上兴建起来的这些年，大多数巴黎人的日子并不好过。在17世纪90年代，手工劳动者的日薪约为12苏（1里弗等于12苏）；在黎塞留路上维护窗户的釉 182 工年薪是100里弗，而他服务的房主年收入250万里弗。当时许多巴黎人靠着定量配给生存，正如图4所示，每天都有人群聚集在发放点，争夺一片“国王的面包”，生怕错过。

然而，如果从出身来看，许多金融家原本的命运，也可能是在配给 183 站排队等候的人。在17世纪前半叶的金融家中，社会地位能够为后世所记录的，有66%是贵族出身；然而，这些人中有69%是新晋贵族，头

图4　在17世纪90年代，法国几近破产。饥饿的巴黎人每天都等着“国王的面包”。这幅1693年的版画中，两个幸运的人正从十字转门走出；其中一人正出示他的配给卡。可能当时食物供应不足，因为士兵们正在推挤着这个人身后的人群

衔是花钱买来的。在金融家中，8%的人是家仆出身，其中有10人曾在贵族家中当男仆，25%曾在金融家家中当文员，做着随叫随到的活儿。8%的人父母是手工劳动者。在17世纪后期，每两个金融家中就有一位去买的爵位。到了那个时期，许多人不再关心既成的规则，而是用一些伪造的文件“证明”自己的贵族身份。

和他们的社会流动性一样令人称奇的是整个17世纪中，只有在内战时期，这些金融家才直接地感受到巴黎人对薪酬不公和赋税过重的怒火。

在17世纪40年代后期，当时许多观察家似乎第一次发现，金融家几乎“占据着整个国家的资产”。投石党运动某种程度上也算是一次金融革命，反抗国王的财政政策。当时高等法院的一些成员和贵族上台后，决定没收金融家聚敛的财产，用来维持城市运作，真正的迫害由此开始了。在1649年的巴黎围困中，高等法院的代表们发现一位金融家的家中“地板下藏有2.5万里弗”，以及“一串价值2万甚至3万的珍珠”。自那以后，关于“家藏万贯”的谣言促使许多抢劫犯闯入城市各地的居民家中。所以，金融家也主动借出巨额资金，帮助皇室镇压投石党。

躲过真正的危险之后，剩下的一些就无关痛痒了，主要是一些漫画讽刺还有言语攻击。

时装样片上通常是一些优雅的、量身定做的服装。但是对金融家的描绘中，经常充斥着暴发户特有的糟糕品位。在这幅17世纪70年代后期创作的图像（图5）中，金融家的装扮过度浮夸，衣服上有太多的绸缎、蕾丝，戴在头上的假发也太长太卷曲了，正如标题所示，“口袋里装不下的金子，都戴到身上了”。

政治手册、报纸、小说以及戏剧无不挖苦这些金融家。17世纪的巴

图5　亨利·博纳尔曾描绘过一位金融家，此人可谓新富人时尚的代表，将所有昂贵的衣服和配饰穿戴身上，极尽夸张之能事

黎，金融家谱写了一则真正的都市传奇，仿佛也在暗示人们，一个人能接受社会不同阶层融合，甚至能接受阶层分界模糊，却不能接受这种分184 界消失。当太多旧有阶级的财富减少时，新富和旧富之间的分界也确实不复存在。新富人群不断地占据主导，财力雄厚的人，身份也能实现巨大的变化。

在投石党运动时期，巴黎遍地可见的政治手册也有提及，这些人“离开村庄到巴黎时，脚上没有像样的鞋子”，而“才过了两年，他们已185 成为巨富”。另一份手册提醒人们注意圣路易岛，以及“岛上那帮人用偷来抢来的财富搭成的豪华宅邸”。另外一份册子还承诺，将完整列出“巴黎的金融家，他们的身世、发家史以及净资产”。而这份册子确实列出两百个金融家的故事，从他们如何起步，到如何为子女准备嫁妆。那些挺过投石党运动的人认为，巴黎人通常“只关心这些金融家创造的巨大财富，其余从来不谈”，“且他们甚至会罔顾事实地认为，那些大金融家都是靠捣鼓二手衣服发家的”。

早期的喜剧经常戏仿一些脸谱化的金融家，尤其是一些吝啬鬼形象或者放高利贷者。然而，关于高级金融世界的现代叙述，却出现在17世纪80年代和90年代的巴黎舞台上。在一些标题通常强调巴黎背景的喜剧里，比如《巴黎的孩童》《巴黎人》，剧作家弗洛朗·卡尔东（又作当古）、让—弗朗索瓦·勒尼亚尔、夏尔·舍维莱·德尚梅莱，以及阿兰·勒内·勒萨热，无不思考着，金钱如何改写巴黎的游戏规则。17世纪80年代和90年代的喜剧中出现了一些现实主义的金融家形象，源于真实的、居住在黄金地段的巴黎金融家。勒尼亚尔称他们是“摩登老爷”——金融圈的老爷。

在1687年，当古的经典之作《时髦的骑士》上演，最清醒地反应了当时一夜暴富的社会状态。在当古剧中的巴黎，“看看家门口从早到晚敲门的借贷者，就可以识别这些人的档次。这些人坐在“破破的马车里”，车夫“衣衫褴褛”。戏中的主人公维尔方丹骑士，据说是一没落家族的后代，追求富有的年长女性，靠着她们的慷慨生活。他找到一位帕坦夫人，当她是钱袋子。这位夫人是寡妇，前夫是大金融家，“由于效力朝廷，赚得两百万”。她毫无顾忌地承认丈夫的钱“属不义之财”，且她想拿这笔钱“买得爵位”。帕坦夫人在巴黎四处公开炫耀这些不义之财，“极尽奢华和浮夸……”

勒萨热的《图卡雷》可谓法国金融喜剧的经典之作，剧中，主角与剧名同名，是位“出身极其卑微”的金融家。这位金融家拿着手中的不义之财，买得一位身无分文的贵族男爵夫人的欢心。这部剧上映于1709年2月，当时西班牙王位继承战争正如火如荼，金融家如日中天，而冬季迎来罕见的严寒，到处是挨饿受苦的贫民。当时的一些人认为，法国的苦难应归咎于和皇室签订税收合同的金融家。这部剧必然是这类人最乐意看到的。

186

图卡雷的男仆弗龙坦，男爵夫人的侍女莉塞特和马兰，贵族，以及这位金融家自己的姐姐，戏中每一个的角色，接连声称要不惜一切毁灭这位图卡雷，“消灭他……削了他，挖了他，活剥他”。在剧中，他们都联合起来让他家财耗尽，今天两百，明天三万。最后，“法律”帮助这些人了结了他：涉嫌“不正当的金融交易”的法律程序开启；图卡雷的现钱（30万里弗）被没收。不过，这场戏的结尾不是情感的宣泄，而是一幕警告。弗龙坦宣布“他不再是仆人”而是“步入金融圈”。在剧尾，他说道：“图卡雷先生的时代结束了，轮到我出场了。”

到18世纪初，一本本册子就像今天很多的激进小报一样，谴责“金融家对巴黎的统治”。比如，1707年的《摘下面具的金融家》对国王表示拥戴（“国王为抵抗入侵的敌人，不得不征税，保卫江山社稷”），而对金融家则是形容其“嗜血如命”，手段“野蛮，毫无人性”，压榨艰难度日的百姓。这个册子的佚名作者认为，“这三四百个人，无一不住在巴黎”，这些人正一步步毁灭整个民族。次年，《金融家普卢托》形容金融家们企图“割开法国人的喉咙”，“不看到这个王国毁灭”绝不罢休。就像其匿名作者所说：“金融家们就是这副德行。”

甚至还有些册子模仿了当时新出的城市旅游指南。它们向读者逐一介绍巴黎的豪宅——主要来自城中最富有的金融家。反金融家立场的手册模仿布里斯的风格，告诉人们“这些人手握着全法国的钱”，并且肆无忌惮地“吞噬一切”——从经典的画作到稀有的瓷器。

与此同时，在投石党运动中兴起的政治讽刺歌曲也开始在巴黎人中流行起来，人们口中哼着“臭名昭著的金融家波瓦莱葬身监狱，尸骨腐烂”，或者“让刽子手将他们统统绞死”。

187 17世纪晚期的词典也收录了一些最早的关于金融家的词汇，每一个定义都反映了时人对金融家的憎恶情绪。比如，皮埃尔·里什莱（Pierre Richelet）在1680年《法语词典》关于partisan的条目中解释说，“partisans富有，而且……他们绝非诚实之辈”。十年过后，菲勒蒂埃（Antoine Furetiére）的《大众词典》解释说，这个词现在用得不多，“因为每个人都对其恨之入骨”。在他关于financier、partisan和traitant的定义中，菲勒蒂埃指出，法庭正在“调查滥用权力问题”，并且“惩戒挪用公款的人”。1694年，法兰西学术院的词典确认了这个词义：“traitants属于极度富有的人群”，他们的“生活和交易正在受到当局的调查”。

巴黎金融家的故事也激发了其他新的词汇，这些词汇很快进入各种欧洲语言。今天，许多词语就像“金融家”这个词，仍能够让人迅速联想到最早的现代金融从业人员。

第一个就是nouveau riche（新富人群）。到了17世纪70年代，这个词用处广泛。律师奥利弗·帕特吕和克劳德·勒普雷斯特雷谴责这些新富人是“本世纪的瘟疫”，并且形容巴黎“到处是新富人群，无时无刻不炫耀着自己从穷苦大众中掠夺的不义之财”。

然后就是parvenu（暴发户）。17世纪90年代出版的法语词典解释说，因为这些一夜暴富的金融家的缘故，动词“赚得”（parvenir）获得了一种新的意思，即“发财”。于是很快产生了用来形容这个行为行动者的词汇“暴发户”，即“迅速赚得大钱的卑贱人士”，指代的是“收税和暴发户的挥霍无度”。在作品《一夜暴富的农民》中，小说家皮埃尔·卡莱·德马里沃（此人正好是巴勒的外甥，而巴勒正是那位设计了许多暴发户住宅的建筑师）用虚构的方式表现了暴发户的发家史——“昨天是仆人，今天成了房主”。

此外，人们也首次创造millionnaire（百万富翁）这个词，用以形容现代财富创造者的原型。这个词最初是新富人群和暴发户的近义词，指的是出身卑微但不择手段大发横财的人。这个词出现于18世纪初，《图卡雷》的作者勒萨热是最早大量使用的人。在《美女与野兽》的原版里，美女是“富有的百万富翁”的千金。

当这些词汇出现在英文里，那种出身卑微者一夜暴富的联想，也是来自法国。在1802年，玛丽亚·埃奇沃思从巴黎写来的信中最早提到了“新富人群”和“暴发户”，皆是用于法国社会的语境。她将新富人群的糟糕品味与旧贵族进行对比。1816年拜伦描述了他与“（在法国被称为）‘百万富翁’”的一次接触。 188

这三个词汇的故事也能够很好地表明，这些对金融家的最初评价只有怀疑和批评，而没有看到其他方面。到了17世纪末，经济理论家沃邦计算出，“生活条件尚可的家庭在法国不足一万户”，而大多数不是“金融界人士”就是“通过婚姻与之产生亲属关系的人”。然而，无论是沃邦还是其他人，都没有认识到，虽然这些金融家的财富是通过在体制中投机取巧获得的，他们却并不应为此担责。也没有人指出这些人的财富带给波旁王朝的巨大贡献。没有这些人的贡献，法国不可能成为欧洲第一强国，而巴黎也不可能成为欧洲最耀眼的首都。最后，这些金融家通常被人取笑来自“社会的底层”，却没有人认识到，他们的崛起也代表了法国社会的一种新开放形态。

这些金融家的故事证明，巴黎已经不再只是出身说了算的城市。新的社区、新的街道以及新的住宅拔地而起，一个机遇社会也随之诞生。这些金融家身上表现出的强大流动性也说明，在新的城市，人们有可能打破原来的身份限制。

尽管黎塞留主教的《政治遗嘱》未能在他生前出版，许多当时的手记仍然保存至今。关于他对金融界的新富人群的描述，普遍存在三种不同说法。第一种说法，金融家在法国社会占据一个“独特的位置”。第二种说法，他们形成“特别的政治个体”。第三种说法，他们在法国社会形成“单独的阶级”。黎塞留本人手中的原稿并不存在，因此很难说哪一个是他本意。

也不难理解，在17世纪，黎塞留的这段文字为难了编辑。最早的金融家也曾警告，说现代金融和现代城市将会动摇社会结构。然而，没有人知道这种重塑会到达何种程度。即便到了1714年，大卫·休谟仍不知道如何给金融家归类。他称这些人是一个新的“种族”。

法国从以头衔和威望为基础的种姓制度社会，变成了一个能以财富决定社会地位的阶级社会，这种转变，主要是从17世纪的金融家开始。这些人的故事也表明，一个人的地位能够被塑造，而不仅仅是从上辈继承；这种地位取决于经济地位。这座世界最美的城市里，有着许许多多的标志性建筑，仿佛在说明，现代城市总有自我塑造的可能。

189

在17世纪以前的法国，能让出身平凡的年轻人改变社会地位的，只有天主教教会。而到了17世纪，现代城市的出现催生了高级金融，带给人们前所未有的机会，成为白手起家的成功者。也是在那个时代，现代城市中金钱和经济的影响力首次超过各种传统的社会身份，其重要性不断增长。

190

第九章
浪漫之城

过去的几世纪，成就巴黎之与众不同的大多数关键因素总能够穿越不同的时代，其延续性令人称奇。在今天，这个时髦之都的许多方面也与过去惊人的相似。比如，对比17世纪人们对在街道漫步的体验，今天人们的体验也是相似的。事实上，巴黎只有一个形象在今天有了非常惊人的转变，即这座城市与爱情和浪漫的联系。

今天，人们经常形容巴黎为世界上最浪漫的城市。世界各地的夫妇来到这里度蜜月，或庆祝订婚。人们常说，在巴黎宣誓的爱情将会天长地久。巴黎成为浪漫之都是在17世纪，那时候的巴黎出现了许多公共空间：公园、林荫大道、商场，以及高级的商店，供人展示自己的穿着相貌。那些亲眼看到城市变化的人，也是最早形容巴黎生来浪漫的那群人。然而，要说这座现代之城里产生的爱会长久，甚至永恒，对当时的人来说，是很难理解的。

1835年，巴尔扎克曾声称，“巴黎的爱情不同于任何一种爱情”，随后他补充说，“那里的爱情……是欺骗……爱情稍纵即逝，却……留下一片毁灭的痕迹，来标记它的逝去”。

在一百五十年前的巴黎，这是非常普遍的观点，当时的巴黎被看作浪漫陷阱的中心。也像巴尔扎克一样，那些开始描绘爱情经历的人，往往形容其稍纵即逝；他们与巴尔扎克一样认为，在巴黎，通往浪漫的道路上充满了幻想。永结同心？休想。这也是爱情神秘性的关键所在。在巴黎，浪漫是一种被神秘包围的体验，总埋藏着一股危机。这种浪漫有趣、刺激、性感，这种冒险别处无法寻找，却绝不是为了地久天长。究其原因，主要还是巴黎的女性。 191

17世纪到巴黎的外国游客，通常会惊讶于那里的女性所享有的自由。女性几乎出现在当时新出现的所有公共场合，这对其他欧洲城市来说实属罕见。就像西西里人马拉纳在17世纪90年代说的，“（巴黎的女人）可随心所欲地行走在城市的任何一角”。

许多与巴黎女人的邂逅记叙也清楚表明，在17世纪的观察家眼里，这座新型城市催生了一类新女性。巴黎女性更加美丽，更具吸引力，也比别处的女性更加世故老练。因此，对那些为之迷倒的男性来说，这些女人就是危险。“巴黎的爱情不同于任何一种爱情”，主要是因为其风险之大。一次又一次，这座现代城市的美丽女人毁灭了那些拜倒在她们裙下的男性。

女性可自由出现在城市的公共空间里，不受束缚，最早发生在从新桥的宽阔步行道上。只要有男士陪同，即使连贵妇人也会加入人群，为路边的各类表演所吸引。她们观看表演，欣赏河边的美景，也在露天的小摊上购买小饰品。 192

图1　巴黎的女性，无论来自哪个阶层，都可以随意随时出行，令国外游客感到惊奇

皇宫百货的空间更加封闭，消费也更加高档，也无疑能够说明，巴黎女人来到此地，即使没有男性陪同，也能感到无拘无束。也是在那里，人们发现巴黎女人公开调情，丝毫不加掩饰。

这似乎也是皇宫百货区别于其他欧洲拱廊商场的一点。在伦敦皇家交易所，女售货员千方百计保护自己，以防男性揩油，在伦敦男性看来，这里的女性就像商品一样伸手可得。而皇宫百货的大量描写则表明，无论是女店主还是女顾客都没有这样的担忧。

在各种来源的作品或描述中，皇宫百货的女性的行为都是相似的。这些作品中，有皮埃尔·科尔内耶在1633年上演的喜剧《皇宫百货》，贝尔托在1654年创作的巴黎生活年代记，以及像意大利年轻富翁洛卡泰利的描述。在这类作品中，打扮引人瞩目的女店员轻松地和潜在的

图2　外国游客在皇宫百货购物时，通常会讨论见过多少女人，既有开店，也有逛店的

客户交谈；而一些来自上层社会的年轻未婚女性，被百货商店的特殊魅力吸引而来，也和适龄男性凑在一起。这种行为，也是巴黎与众不同的一方面，但绝无不当或冒失之举。

巴黎的女性如此着迷自己的独立，以至于她们开启了一种新的潮流，方便她们自由出入那些不像商场那样对女性开放的场合。出身高贵的妇女所用的，是内梅兹所说的“随时能戴面具出行的特权”。这种“特权”并非巴黎独有，其他欧洲首都的贵族女性也会在公共场合戴面具，保护自己的隐私。然而，只有在巴黎，这种原本平常的做法变成一种精致而带有调情意味的仪式。内梅兹指出，巴黎的女性想要“随心所欲地隐藏或者展示自己”。也只有在巴黎，戴面罩的女性才带着一种神秘甚至魅力的光环。在巴黎，一个新的词语“微服”也首次被用来形容这种潮流。也是在巴黎，这种做法也开始传播到社会最高层以外的人群。

“微服”形容的是一种文艺复兴时期诞生在意大利的行为，该行为后来逐渐在西欧各国流行。下至主教，上至君主，当那些高官出行时想要避免被认出，就会选择微服私访。这意味着他们将使用假名，并且不让仆人和随从跟在身边。如此一来，他们经过一些地方后，能够避免一些原本需要迎合他们身份的招待仪式，常常排场巨大，劳民伤财。

在17世纪初，微服这个词语由意大利语进入法语。到该世纪的下半叶，隐藏真实身份行走在巴黎变得越来越普遍。一些大贵族开始微服出行，因为他们想要避免麻烦，想要和普通巴黎百姓一样享受出行之乐。赛维涅夫人形容两位巴黎公主“微服奔跑在[巴黎]的街头”，甚是欢乐。此外，彼得大帝曾在巴黎考察，为涅瓦河畔建造城市寻找模范。彼得大帝“想要尽情观赏[巴黎]而不引起人们关注，想要自由地乘坐公共交通”。这座现代城市也创造了一种观赏城市的欲望，更加现代，更加自由，而微服的流行，也很好地表达了这种欲望。

194

从1650年起，巴黎的期刊和小报开始密集地报道那些避开国事访问，想要像普通游客那样观赏城市的大使。许多重要人物倾向于隐藏身份，普通人也由此得到了启发，因为到了17世纪晚期，微服不再仅仅用来形容权贵阶层，而是包括“任何不想被人认出的人”。因此，巴黎的街头看似有许多“自由活动的人”，仿佛他们也真的想隐藏自己的身份。

1689年，画家让·迪厄·德圣—让为后世记录了统治巴黎时髦的许多新发明。图3上的时髦男子炫耀着那个冬季最新的潮流，比如套在他右手上的河狸皮手筒。此外，他按当时最流行的方式披着当时颇为抢手的斗篷：将斗篷高高地提起，盖住下半个脸和鼻子。这并不是出于保暖的实际需求。17世纪80年代的巴黎，一个人穿着斗篷遮住脸出门，其实是为了表明，自己想要隐藏身份。男性通常不戴面具，但是在巴黎，如果男性拉上斗篷，他其实是正式表明自己“微服”出行，正如图中标题所示。第一次，高档时尚的配饰不再是让别人注意到自己的身份，而是表达不想被路人认出的愿望，其作用就像今天的太阳眼镜。当然，这也暗示，一个人这样保护自己，是因为他如此重要，所以身份需要保密。

图4中的贵族女人正如标题所说，穿着时髦的中长大衣，戴着轮廓优美的兜帽，“在城市里闲逛着”。她戴着厚厚的手套，右手腕上有一个小小的手筒。她嘴上方是一张黑天鹅绒全脸面具，属于当时的潮流。像那些把斗篷拉高的男性一样，这些戴着面具的女性也是微服出行。但是这位贵妇并不是像欧洲其他城市的女人那样想要遮脸。事实上，她这种忸怩的姿态会让人怀疑她是否真的想要隐藏身份。

在许多关于17世纪晚期巴黎女性微服出行的描述中，女性都像这

图3　巴黎人拉高斗篷遮住下半个脸时，他是想要表达自己隐藏身份的意图，这种做法称之为“微服出行”

图4　女性想要“微服”行走在巴黎，使用的是面具，也只遮住下半个脸

位一样，将面具当作玩物，而不是用来遮住自己的脸庞。正如马拉纳说
195 的，“什么时候遮脸，什么时候露脸，她们都随心所欲”。在她们的手中，微服已经从一种隐藏身份的手段，变成一种和周围人随意调情的手段，人们可决定何时摘下或戴上面具，增加神秘感。

这位贵族妇女手中的全脸面具也是一种巴黎特有的时髦。这种面具不是贴在脸上的，而是用牙齿咬在面具背面凸起的小按钮上。菲勒蒂埃在他1690年的词典中解释说，妇女通常称这种隐藏术为“狼面”，“因为这样可以吓到小孩”。这幅图也是由让·迪厄·德圣—让创作的，表现了佩戴“狼面”的效果，也证明整张脸遮住后女性就真正地“微服”了。在舍瓦利耶那部关于五苏马车的喜剧里，妻

图5　这位女性戴着当时被称为“狼面”的面具，“因为这样可以吓到小孩”

子和爱拈花惹草的丈夫同坐一辆马车而没被认出来，也是因为戴着“狼面”。

许多描绘成微服的巴黎女性中，图中这一位是真正地戴上狼面的。这张单人肖像中，这位妇女自称“女士”，这就意味着她并不是位有头有脸的人物。创作者用这些细节告诉读者，这些神秘兮兮的面具后面的人物，真正的来头总是难以确切判断。

在17世纪的巴黎，一种早期的名流文化诞生了。一些游客来到巴黎，就是想要探访名人的踪迹，而布里斯等人写的游客指南也指出宫廷重要人物和富有的金融家的地址，鼓励游客去尝试这种旅游。微服出行让贵族人士免于成为游客的“景观”。然而，很快，一些出身平凡、无须隐瞒身份的人也开始使用那些富人或名人的伪装术，希望自己也能成为别人想要擦肩而过的名流。斗篷和面具因此成为最好的伪装。

198

在1643年上演的喜剧《撒谎家》中，科尔内耶也揭露出，人对地位的渴望，将如何影响伪装身份的行为。剧中主人公是位普通的学生，来自中产家庭，却极力想要成为杜乐丽花园里的那些名流。于是，他开始穿着高于他社会阶层的服装，并且杜撰一些风流韵事，强调自己征服对象时总是微服出行。然而，事实上没有哪位神秘的妇女爱上他，他只是一位无名小卒，在面具和斗篷装饰的神秘巴黎，一心想要成为重要的角色。

一百五十年后，这个戴面具的做法就像科尔内耶预言的，成为那些想要为出名而出名的人最爱的手段。自那以后，这种乐趣也不再纯粹。

这种形势变化是因为一类人物的出现，也就是后来代表巴黎的巴黎女人。在17世纪以前，许多人都认为巴黎女人比别国的更精明、世故。到了17世纪，“巴黎女人世界最美”已成为普遍看法。也只是在法国时尚产业崛起后，巴黎女人才获得这项美誉：从一开始，时髦就和巴黎女人不可分割。即便今天，英国人也用法语parisienne形容巴黎的女性；几世纪以来，parisienne（巴黎女人）已经和风格和时尚联系到一起。而这些美艳且引领潮流的巴黎女人不仅外表出众，对时尚也尤其敏锐。

当古在1691年的喜剧《巴黎丽人》中全面地展现了巴黎女人的风情。主人公安热莉克是最早的巴黎丽人之一。她有三个情人。她有怎样的信条呢？“同时有三个情人比较复杂……对我来说，比较明智的做法是要拿捏得当，想要男人陪伴时，也能随叫随到。”这越来越成为巴黎女人的一大特色，就像西西里人马拉纳的旅游指南书中说的，“她们的爱不深沉，也不长久”。在诗人让—弗朗索瓦·萨拉赞看来：“她是一个女人，巴黎的女人。拼写出来，就是‘风流女人’。”

199

在17世纪以前，“风流女人”通常都是些荒谬的人物，有时候是过分拘谨，有时候又太年老而无法吸引男人。在17世纪初，这类人的荒谬呈现出另一种形态，这些人是时尚最早的受害人，打扮过度，毫无挑剔地追求时髦。

到了17世纪80年代，“风流女人”被重新定义，成了巴黎女人的同义词，她们定义了时髦，因此不再荒谬，其他人与之相比反而显得荒谬。画家告诫时尚追求者，风流女子们“什么人都糊弄”。词典定义这类人“变化无常”，并且警告说她们“要别人对她们忠诚，自己却绝不对任何人忠诚”。约在1690年，一系列喜剧（其中一种题为《风流女人的夏天》）讲述了这类行为。在1687年上映的米歇尔·巴龙喜剧中，有一位叫西达利斯的风流女人，被她的叔叔讥讽为对“三位追求者不忠”，而她对此则回答说，“今天手上钓着几个男人不再是罪了，一个都没有才是罪”。

在巴龙的作品娱乐巴黎剧场的观众的同时，尼古拉·德拉梅森二世的版画也开始流行。这幅版画描绘的很可能就是西达利斯和她的三位追求者。标题上说西达利斯的“任性之举”，在巴黎女人中已属常见了。这幅画想告诫人们“那些清楚自己诱惑力的美丽女人”的“诡计”，比如画中那位穿着时髦的女士。男人应该保持警惕，因为今天那些“心不定、缺乏忠诚”的女性想要的不是一个追求者，而是“一圈追求者”。

到了17世纪晚期，有传言说这些风流女人利用她们对时尚的感知，模糊了巴黎社会的阶层界限。据说，在巴黎能够见到女性的暴发户，出身平凡，但是外表美艳，品位高雅，以至于任何人都会相信她们非

图6　德拉梅森的版画讽刺巴黎这些风流女人水性杨花，做不到对一个男人忠贞

富即贵。

没有谁像记者兼作家厄斯塔什·勒诺布勒那样，无情地鞭挞巴黎的风流女人以及她们造成的阶层模糊。在他笔下的巴黎，无论穷富贵贱，都可以自由出入新的公共场所，出身平常的女性也因此有机会重塑自身。在一份1696年发行的期刊上，勒诺布勒发表了《风流女人的奢200 华品位》。文中，一对朋友在杜乐丽花园散步，这地方常被形容为风流女人的游乐场。他们发现一对打扮尤其时髦的妇女，身上的每一个细节都散发着贵气：刺绣上有一片真金以及"闪闪发光"的宝石。其中一人估算这些人的身价，断定她们肯定是"侯爵夫人"，另一人则讥讽道："你是石器时代的人吗？"他进而解释说："今天，人和人都混淆了。现在的人们，穿着不再看得出出身阶层了。"

因此，在这座沉迷于时尚的大城市里，社会阶层之间的界限变得模糊，也促使一类新女性出现。这类女性就是风流女人，出身低微，却能利用自己的时尚感让人误认作贵族，并且善于利用巴黎的公共花园这类新景观表现自己。勒诺布勒告诫人们，"专业的风流女人深知如何一点一点夺走男人的财富"。她们"花枝招展"，能"让很多人上钩"，并且从"这些人身上拿到的钱，她们可以拿去提升自己的品位"。到了世201 纪末，一位讽刺家甚至形容这些风流女子"在巴黎攻无不克"。

而真正危险的巴黎人出现在17世纪最后几十年，此类人通常被称为"猎富者"（男性为aventuriers，女性为aventurières）。而风流女人只能算这类猎富者的先辈。相比最先出现的"风流男人"（coquet，即到处留情的负心汉，这个说法没有普及），"猎富者"则既可以形容男性，也可以形容女性。当时的批评者，对感情遭骗的人往往几笔带过，对成功骗取感情的劣迹却往往大费笔墨。

在1687年，当古在法语里引入了这类人的第一个实例。他的作品《最时髦的骑士》中，有位清贫的主人公维尔方丹骑士，此人就是一位猎富者。这个词原本形容那些“去战场寻求荣耀”的人，后来在法语中获得了新的意义:“那些身无分文且不择手段追求财富的人”，这类人“使尽手段赢得女性爱慕，却不会陷入爱河”。当古笔下的主人公就是这样一位新型骑士。此人同时追求五到六位比他年长的女性，用她们的钱为自己买单。当古留给他的读者这样一个巴黎:“今天许多年轻的爵爷在感情生活上劣迹斑斑”，因为他们亟需用钱保持外表的光鲜。

很快，这些现代社会的骑士也被称作猎富骑士，并且有了英文的名字advanturers或者fortune-hunters。这些猎富者也是巴黎的一大特色。一份名为《世界新气象》的期刊曾专门描写一位年轻的卡尔多内骑士，此人刚和一位“年长许多且十分富有的寡妇结婚”。他肆意挥霍女方的财产，其中包括用来向年轻妇女“显摆”的“华丽服装”。

1697年，勒诺布勒在小说《冒牌的伊萨姆伯格夫人》讲了一个极致的“猎富者”的故事，这两位猎富者分别是蓬萨克和卡利斯特。第一位是出身普通、来自外省的蓬萨克，走过法国各个省份，并让很多富人相信他出身贵族、品德高尚，尤其是一位极其富有的寡妇。卡利斯特则不同，只有到了巴黎，她才真正实现自己的意图。她装扮成一位女伯爵，摇身一变，成为一位长相美艳又能充分享用巴黎精致和富足生活的法国女杰。

蓬萨克和卡利斯特成立的两个家庭，一个在玛莱区，另一个在圣日耳曼郊区。城市庞大的人口和规模让他们毫无障碍地施展骗术。他们都有着双重身份，在两个家庭之间游走；他们借助虚假的文字图案和徽章，隐藏非法获取的瓷器和华服。 202

每个人都把卡利斯特当作伊萨姆伯格伯爵夫人，而她也赢得过一位英国勋爵的欢心，以及一个叫格里佩的人。格里佩“来自社会最底层”，在皇室的金融官僚体系中步步上升，成为巴黎最富有的金融家。勋爵认为他追求的是和他社会地位相同的女性，而金融家则是相信自己将用“五六百万”娶得一位贵族妻子，为自己赢得社会地位上的资本。

世上真有众多惊艳绝伦的巴黎美女吗？耗费时间追求这类人是否真的危险？尽管无法确定，但仍有许多证据表明，这些美丽惊人的“猎富者”绝不仅仅是虚构的人物。类似的故事来源广泛，既有信件和回忆录，也有期刊和旅游指南。当时的报纸总是用神秘女性的故事娱乐读者，这些故事中的人出现在时尚的场景中，并且让许多贵族男青年认为她们血统高贵，然后榨干他们的财产。长久以来，这些记者坚称他们的故事“绝对真实”；其中包括路易·德迈利，一位真正的骑士，来自古老的贵族家庭。他在作品中细致地描写了出现在巴黎公共公园里的各类人群。

穿着时髦的人也让人们加深了“巴黎的公共步行道猎富者很多”的印象。这幅来自17世纪90年代的绘画（图7）中，就描绘了当时最著名的几位，包括卢瓦宗姐妹。这两人家世普通，长相美艳，因为疑似和法国社会的最高层人物有风流韵事，在当时成为流言蜚语的焦点。这两姐妹，一位金发，一位棕发，穿着当时最时尚的衣服，手挽着手走在巴黎的步行场所——基本可以确定，地点是杜乐丽花园。（这些最知名的“猎富者”和别人眼中打扮过度的金融家在这一点上很相似，她们的脸上也是浓妆艳抹。）

这座大城市在奢侈品产业和时尚发展的推动下，给了这类女性一

图7　图中的卢瓦宗姐妹在公共花园散步。这两姐妹是巴黎最臭名昭著的风流女人

个生存空间。这类女性在18世纪里被统称为“致命女人”。就像风流女人和“猎富者”，致命女人容貌美艳而充满诱惑，凡拜倒在她们石榴裙下的男性，往往结局悲惨。

这类对女性诱惑的描写，最早出现在17世纪。1655年，一本薄薄 203 的《少女学院》出版了。这是本原创的现代色情小说。在马萨林枢机宣布此书是“最邪恶的作品”后，审查部门的人开始见一本销毁一本。如此一来，书也成了经典的地下读物。

留存下来的《少女学院》，最早的版本来自1667年。当海军司令的秘书萨米埃尔·佩皮斯在他最爱的书店中见到此书时，内心曾充满挣 204 扎。佩皮斯在日记中记录了他的内心斗争。他担心自己哪天暴毙，而别人在他的书房发现此书。他曾想过抗拒购买。最后，他还是下决心买了一本，阅读几遍，然后烧毁该书。

《少女学院》讲的是两位巴黎年轻人的故事，这两人都是巴黎富商的后代。方雄年方二八，涉世未深；她的追求者罗比内手把手教她性爱。她的堂姐苏珊为她解释每一个名词术语，而方雄很快便对理论和实践都了如指掌；很快，她便沉溺在性爱的快乐中无法自拔。

一系列书奠定了巴黎作为各类色情文学中心的名声，《少女学院》便是其中之一。这类书的情色世界也带给巴黎一个新的形象。正如《少女学院》这本现代色情小说所说，相比别地，巴黎人可以更自由地谈论性，而性也越来越成为日常生活的部分。

但是《少女学院》不只是各种性爱故事的合集：该书呈现其极具挑逗性内容的同时，也传达了一个十分实用的信息。方雄的堂姐让她详细了解避孕措施，这是17世纪前所未有的，而这显然是巴黎的年轻女性尤其需要了解的。

未婚的妈妈把婴儿丢弃在公共场所（通常是教堂），这在欧洲早已不是奇闻。然而，到了17世纪，在巴黎的弃婴医院里，“这类弃婴数量迅猛增长”。这座医院按照路易十四在1670年8月颁布的法令建造，是巴黎第一座由政府出资并管理的医院。事实上，在短短六十年里，弃婴的数字增长了九倍。这个时期城市的人口也有增长，但也赶不上这个增速。1671年，弃婴医院开门经营时，接到了928个婴儿；仅仅过了两年，这里有了1600多人。

这座城市的休闲场所越来越多种多样，而不同的居民越发聚到一起，这些令人叹息的数字也说明了人口迅速增长的结果。这种不同人群聚集带来的结果中，更难让人难以预测的是凭借自身努力获得成功的巴黎女性的崛起。

在过去几个世纪里，这种美丽而时髦，凭借自身努力获得成功的女性一直存在。就像城市的林荫大道和公共花园，她们和这座城市的现代化以及神秘感紧密相关。1731年，正值香榭丽舍大街竣工，林荫大道开始环绕左岸，普雷沃神父出版了《格里奥和曼侬·莱斯戈骑士的故事》。普雷沃选择了路易十四时期的巴黎作为故事场景，讲述了一位现代骑士，以及一位出身平凡的美丽女性打破旧有阶层束缚、实现上升的故事。曼侬所生活的巴黎是时髦之都，金钱和高级金融的城市，灯火和速度的城市，“专营乐趣之所”。此人不惜重金，让自己转身变成巴黎最耀眼、最时尚的女性；她将巴黎的一些散步场所变为征服男性的战场，让巴黎最有头有脸的金融家为她买单。 205

在接下来的几十年里，那些在17世纪出现的社区的边缘地带也不断吸引居民，这座城市逐渐扩张，超越路易十四最初规划的绿色环城道路，于是小说也不断地推广着巴黎的最新形象，那里的女性只要艳丽、冷酷无情，无须家世和财富也可成功。1880年，埃米尔·左拉的小说《娜娜》为勒诺布勒在两百年前开写的长篇小说敲定了结局。

娜娜代表了1870年的巴黎，一座在奥斯曼男爵的努力下进行再改造的城市，一座仍然适应新规划的城市。奥斯曼想要超越太阳王在17世纪带给巴黎的新都市工程，他要带给巴黎更多、更宽阔的林荫大道。他建造了当时最大的散步空间（布罗涅森林），以及让旺多姆广场和皇家广场看上去更像斯文时代[1]遗迹的星形广场。同样，娜娜让17世纪的风流女人和猎富者的掘金之旅相形见绌，如同小儿科。

左拉笔下的女主人公也是当时危险的巴黎女性的最典型代表，即交际花。她们也像前辈一样，衣服紧跟时髦，渴望被巴黎的奢侈包围。像风流女人一样，这类人身边有着一位又一位追求者，为她的奢华品位买单。

而相比前人，这类人的特别之处是她们的结局。曼侬最后贫困潦倒，然后死在路易斯安那的“沙漠”。左拉着重描写娜娜死于天花，细节描写之处，足以令人反胃。曼侬和娜娜都是真正的致命女人，让许多男人倾家荡产，却也亲手葬送了自己。

206

相较之下，17世纪巴黎的“猎富者”则能善终。创作她们的作家不想给她们悲惨的结尾；她们的同代人显然不愿用悲惨的结局取悦他人。卢瓦宗姐妹中的一位嫁给了贵族家庭。勒诺布勒的《风流女人的奢华品位》中，歌剧院歌手出身的珀赖因被作者讽刺为最克夫的女人，毁灭了一位侯爵和“无数人”，却在故事的结尾回到巴黎的剧院，坐在最好

[1]“这是一个跨世纪的，美国经济繁荣的时代。此时的美国文学与欧洲文学之间有着某种暧昧关系，本质上是欧洲式的和美国的小欧洲新英格兰式的。此时以西奥多·罗斯福为代表的民族主义在文学上有着强烈的反映，人们还念念不忘美国与欧洲的文化联系与差异。”

的座位上，“想要让那些真的贵妇看到，她们谁也配不上她身上的华丽服饰和昂贵项链”。

这几乎是17世纪巴黎最现代的性观念了。那些熟谙时尚之道，以此违反社会等级秩序的女性并没有因为改变自己的命运而遭受惩罚。这些风流女和猎富者反而得到追求者的礼物，在那些富有的爱慕者眼里，她们是“笨蛋”“蠢人”，而不是“猎物”。这些追求者明显知道如何控制局面。他们维护这种关系，本身也有不可告人的动机。

正如勒诺布勒解释的，那些与这类危险女性交往的富有男人，并不会被她们的漫天要价吓退：“这些风流女人要求的金额并不会让他们退缩，因为这种破财对他们来说是一种乐趣。”风流女人要的钱越多，“他们反而越忠诚”。在这座新的巴黎，能够花钱让一位冒牌伯爵夫人走在时尚前沿，也是一种身份的象征，能让一个富豪脱颖而出。

从新桥的步行道诞生起，巴黎女性已经融入这类公共空间。她们在不同社会阶层间游走，也自然使得原本清晰的经济社会界限从17世纪起变得模糊。

风流女人、交际花、致命女性，这些法语名词自诞生起，便用来形容那些通过自身改变命运的女性，并且被其他许多语言使用。几个世纪以来，他国的富人想要寻找浪漫的激情体验，便会前往巴黎，希望能够遇见一位风流女人或者交际花，希望和她们在歌剧院或是公共花园相遇；而这些女性成功跨越社会阶层边界，也成了18世纪初的某游客指南所称的“巴黎的自由”。

1734年，当波尔尼兹男爵说，“大多数人都知道巴黎是块怎样的地方”，无以计数的英国和德国贵族，或是美国金融家，甚至西格蒙德·弗洛伊德都明白他的意思。长久以来，这座欧洲的浪漫之城，被人们视作 207

蕴藏爱情同时充满危险和情色的“一类地方”，那里的体验比任何一处的浪漫魅惑都要刺激；这里也是欧洲人认为的，比自己压抑的家乡更加自由、更不受常规约束的“一类地方”。

在17世纪得到重塑的巴黎，新富人群、女人克星、猎富者、金融家、冒牌贵族，还有许多真侯爵和伯爵构成了城市和公共场所的景观。人们无法判断所遇之人的身份，多数人是如此相似。一些人抱怨或者忧心忡忡，过去的生活即将消亡，旧有的贵族将不复存在。然而，无论巴黎人还是外国人，都看到这座现代城市对秩序的重塑，并且认为这是向着好的方向发展。

人们经常说，过去那个社会阶层说了算的世界，乃是第一次世界大战的牺牲品。在社会阶层消亡后，那种定义巴黎之浪漫的社会阶层的高度交融也成为世界各地的通行法则。在我们现在这个等级不再分明的社会，巴黎和浪漫之间的纽带也重新定义。过去几百年来让巴黎的爱情与众不同的危险都已不再，巴黎女人也不再有以往的致命诱惑，而是保留了练达和时髦。这座灯火之城历经重塑，成为最浪漫的城市，一处现代爱情故事的核心场所，这种核心即真正的爱情，而不是危机四伏的浪漫。

在2000年初，巴黎两座著名的桥梁被改造成“爱桥”，桥上的栏杆上挂满了“同心锁”[1]，来自世界各地的情侣将名字首字母刻在锁上，然后将钥匙抛入塞纳河，作为永志不渝的许诺。从新桥到爱桥，巴黎的浪漫也随着时代而变化。

208

[1] 过多的锁给桥造成了负担，2015年，艺术桥上面的同心锁被拆除。

结　语

看见城市的历史：绘画和地图中的巴黎变迁

19世纪50年代中期，离路易十四启动他的首都大规划过去整整两个世纪，当时的拿破仑三世下令对巴黎进行新一轮改造。这位皇帝任命乔治—欧仁·奥斯曼男爵执行这项工程。奥斯曼既非建筑师也非城市规划师，而是一位技术官僚和行政官。就像前一次改造，这次重塑也给巴黎带来翻天覆地的变化。然而，奥斯曼的工程尽管在规模上比前次宏大，却难说更胜一筹。按照他的思路完成的工程，很大程度上沿袭了17世纪时确立的规划模型。

这次规划在巴黎市区增加了以蒙梭公园和布罗涅森林为主的公共休闲空间，用以搭配位于市中心的杜乐丽花园等公共花园。前次规划曾考虑建造一条林荫大道，方便了巴黎人在城市周边的活动。而这次新增了一条南北轴线的林荫大道，为城市中心增加了一条主干道。沿着巴黎的林荫大道两边拔地而起的，是人们口中的“巴黎式”建筑，而许多第二帝国建筑的特色，从复折屋顶（又称蒙萨式屋顶）到块状砖头，早在17世纪便已成为巴黎风的元素。甚至奥斯曼用作新巴黎枢轴的星形广场也并非原创，而是扩充了1670年的星形方案构想。当年该方案的目的，就是连接香榭丽舍大街和布罗涅森林。

鉴于19世纪的巴黎风格如此接近17世纪的规划，我们便不难理解，19世纪许多林荫大道文化特有的建筑物（从巴黎咖啡馆、拱廊市场到百货大楼）实则是对17世纪确立的模型的扩展。也不难理解，那些奥斯曼规划下的巴黎的代表性人物（从金融家、银行家、妓女，到时髦的巴黎人）仿佛是两个世纪前巴黎形形色色人物的转世。

209

然而，面对巴黎的变化，19世纪的人反应却与那些17世纪的市民大为不同。城墙被改成宽阔的散步空间，17世纪的巴黎人对此喜闻乐见，他们享受漫步的乐趣。而19世纪的巴黎人不像17世纪的前人那样乐于迎接变化。

1857年，诗人夏尔·波德莱尔写下《天鹅》，反映奥斯曼的规划对城市景观的侵蚀。他写道："不在了，这古老的巴黎"，句尾加上感叹词"hélas"（"哎"）。波德莱尔忧伤的"hélas"以及他对"巴黎在变"的"忧郁"，也反映了当时许多人对奥斯曼改造巴黎的态度。他们恋旧惧新。他们担心，新的林荫大道和其所带来的新型公共生活会永久地毁灭他们心目中的巴黎。

最能表现两代见证人对巴黎改造的反应差异的，莫过于用来指导两次规划方案的两张地图的命运了。奥斯曼效仿路易十四制作了规划图；他比照两种不同的景观作决策：一种是当下的巴黎，另一种是容纳其规划项目的巴黎。就像巴勒—布隆德尔地图一样，这些规划图陈列在巴黎市政厅里。作为巴黎蜕变的一个象征，巴勒—布隆德尔地图一直受后人敬仰。然而，1870年9月爆发了反对拿破仑三世的起义，并建立了巴黎公社。起义中，愤怒的暴徒闯入市政厅，他们的头领把奥斯曼的规划图撕成碎片——这恰恰反映了当时大众对规划图所代表的新巴黎的愤怒和抵触。

当然，为奥斯曼的规划奠定标准的17世纪规划之所以更受众人欢迎，是因为规划没有对城市的结构带来整体性的破坏。比如，奥斯曼为了铺设南北向林荫大道，拆除了塞纳河两岸年代久远、人口密集的居民区。相比之下，17世纪建造的林荫大道更容易为人接受。1670年，这位国王自豪地宣布他将推倒城墙，用一条步行道取而代之。环形步行道使得巴黎对外敞开，虽然这也意味着放弃了防卫。事实上，这位君王在法国边界设立了独特的新型防御工事，在此后近150年里保护法国免于外来侵略。 210

相比之下，在奥斯曼的重塑工程竣工的1870年，巴黎正处于包围之下，即将落入普鲁士之手。这个时期的巴黎急于隔绝外部侵扰，对新事物的恐惧四处蔓延。作家、艺术评论家爱德蒙·德龚古尔忧心忡忡地形容奥斯曼时期的干道是“横平竖直的大道”，让人联想到“未来的美国巴比伦”，这也呼应了公众对奥斯曼的干道工程的看法。在埃德加·德加和爱德华·马奈等当代艺术家笔下的新巴黎，时常能体会到这座城市“奥斯曼化”后带给公共生活的异化感。

而在两百年前，那些现代化的见证者对身边变化的城市则没有这种恐惧感。相反，他们很乐意到处宣传巴黎的重生，庆祝现代都市生活的新面貌。

这些最先目睹巴黎惊天变化的人，利用各类媒介传播这座都市的变化。历史上第一次，一座城市的居民留下大量的图像和文字信息，其数量之多，足以让后世了解城市规划带给那些亲历者的影响。在17世纪80年代，游客能够拿着由布里斯开创的全新指南书，游览这座历经规划的城市。马奈的前辈已经开始生产各种各样的图像，从地图到绘画，连贯地展示着这座城市。一旦有里程碑式的建筑完工，画家便马上用绘画进行记录，并凸显这些建筑的创新特色。

这些描绘17世纪巴黎的大改造的图像，也是最早一批表现城市变化历程的作品。211 这些图像描绘了新的公共工程的情景，比如行人穿过新桥上的两旁走道，它们既向欧洲人介绍了巴黎的最新发展，也表现了现代城市的使用方式。

在17世纪以前，人们很少描绘城市，即便有也仅仅作为某一主题的背景。在一些出自15、16世纪的中世纪手稿中，城市天际线可以远远看到，而在多数情况下，这也仅仅是粗略而非真实的记录。到了16世

图1　格奥尔格·布劳恩这幅创作于1572年的《世界的城市》为制图学确立了新标准。这部作品也包括这幅影响深远的巴黎地图

纪，地图制作越来越精确，也更加普及。临近16世纪中叶，第一幅相对准确的欧洲城市地图开始流传。在那之前，很少人能够准确了解自己城市的东南西北；几乎没有人比较过不同城市的朝向和方位。

1572年，《世界的城市》的第一卷出版。1617年，当这套书的第六卷和最后一本面世时，该书让读者了解全球各地546座主要城市的地图。这些地图主要由格奥尔格·布劳恩编辑，由弗朗兹·荷根伯格雕刻，成为后几十年制图学的标准。历史上第一次，欧洲人能够比较世界上不同的城市，能够判断城市的大小和形状，以及河流的位置和流向。巴黎人也首次知道阿姆斯特丹的模样，伦敦人也第一次了解了巴黎的模样。

212

这部地图合集的第一卷包括了这幅巴黎地图，几乎是巴黎早期地

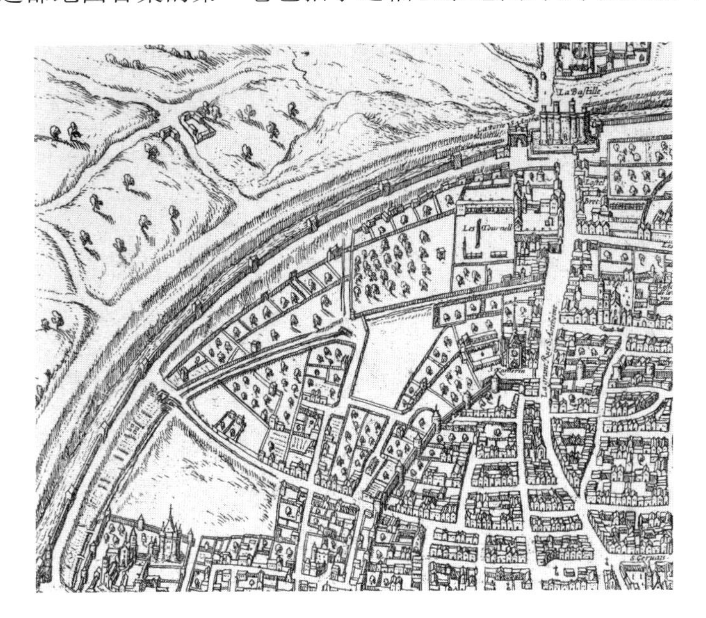

图2　这处来自布劳恩地图的细节也描绘了这块后来成为玛莱区的土地。1572年，这里还没有那么多街道，几乎没有显眼的建筑；大多数地段都未经开发

图中的精品了。这幅图凸显了巴黎独特的形状。正如布劳恩和荷根伯格所说，城市的城墙划定了巴黎的形状。在1572年，这堵城墙仍然环绕着城市。

不过，正如布劳恩地图的细节所显示，墙里面的都市布局并无特色可言。1572年的巴黎更像一座杂草丛生的村庄。大多数土地仅仅是轻度开发；大部分地方甚至没有房屋。街道稀少，有的也是曲折而短的小巷道，仅用于相邻区域的通行，大多数居民楼规模不一，开发随意，缺乏特色。当时能够让人相信巴黎是伦敦那样的大都市的，只有213 两座建筑（巴士底狱和托内勒斯皇宫）和一条著名的大道。布劳恩地图也至关重要，它证明1572年的巴黎尚未获得它的现代身份。

三十年后，这个情况仍然毫无改观。

到了16世纪末，亨利四世选择在他刚征服的城市建造自己的肖像。他身后是城市的全景图，流淌的塞纳河，而河对面是两座皇宫：杜乐丽宫（毁于1871年的大火）和卢浮宫（仍带着中世纪的塔楼）。

地图上的空白也能说明问题，这证明17世纪前期的巴黎仍未成为一座城市，而是一座房屋稀少的首都。这幅油画中到处都是绿地，但不是公共散步空间那种规划整齐的绿色空间。这里已经做好准备，也正等候着那些建设者以及城市规划的到来。过不了多久，亨利四世和路易十四将把这里变成鳞次栉比的房屋。

当亨利四世下令创作一幅他刚征服的城市的全景图时，上面明显没有教堂，只有皇宫。这是因为他宣布，宗教冲突结束后，巴黎将成为214 一座世俗化城市。选择这片荒地描绘全景图，他也许是在宣告，他将直面这片空白带来的挑战。

国王坐骑脚下的草地一直空着，直到17世纪30年代，路易·勒巴

图3　这幅创作于1600年的作品描绘了亨利四世以及他刚刚征服的、多处尚未开发的首都的全景

尔比耶才对其进行开发。整个17世纪里，这些空旷的空地被填充，新的名字也不断写入巴黎的地图，其中包括巴克路和圣父路。到了18世纪初，这些草地变成今天代表性的居民区，比今天的圣日尔曼德佩区更大。

1707年，皇恩惠及这片地区，一条沿着塞纳河建造的石板路堤岸诞生。这条步行道今天被称为奥赛码头，其名字来自波旁王朝所征服的巴黎未经开发的核心地段。今天游客来到奥赛博物馆就会发现，他们所在之处，正是亨利四世开启城市规划的地点。

类似的经历在巴黎各地上演。

这幅巴勒和布隆德尔于1675年制作的地图（图4），也描绘了布劳恩1572年版地图上还是荒无人烟的地区，到了1675年，这片地区不再是一副村庄的面貌，而成了都市。这里出现了许多街道，通常长而笔直，也出现很多用来连接该地区和城区各地的大道。

并不是每一座沿着现代街道而建的私人住宅都出现在地图上。出现的往往是外形类似，且形成可观的规模；这些房屋被称为公馆，中间总带有一个花园。这些建筑即早期的巴黎联排房屋，法国代表性的居住建筑，也是巴黎最早用方琢石建造的私人住所，这种白色石材很快便成为巴黎典型的建筑材料。有了这些居民楼，巴黎开始出现一种统一的建筑立面，某些地区（尤其是玛莱区、圣路易岛和卢浮宫附近的金融区）开始呈现类似大型宫殿的面貌。

巴勒和布隆德尔也记录下那些在布劳恩地图出版后新建的城市景观。其中包括圣安托万路上的耶稣会教堂和圣路易岛；也包括皇家广场，即史上最早的现代城市广场，取代了1572年建造的托内勒斯皇宫，将国王的宫殿变成居民楼和公共消遣空间，以示皇恩浩荡。在1572年仍然微不足道的都市区域，到了1675年便形成今天的玛莱区，成为当时城市规划的模范。215

1572年，巴士底狱两边均有堡垒，将城市与外部隔绝。而在巴勒和布隆德尔的地图上，则是一排排精心规划的树木。这条史上规模最大的公共步行道的两侧装点着榆树。这幅图像绘制于1675年，也最早描绘了那条让巴黎人一边散步、一边欣赏城市美景的林荫大道。

迅速变化的城市结构，也吸引了那些热衷于记录城市每一步变化的制图师。在16世纪，关于巴黎的地图只有21幅。到了17世纪，尤其是路易十四统治时期，法国取代荷兰成为欧洲最大的地图生产国，并且继而改变了地图制作的流程。216 于是，在17世纪中，几乎每一年都有新的地图出现，最后一共产生了84幅。这么短的时间里产生如此多的地图，也能说明，有相当的读者积极关注这座法国首都的重建过程。

地图能够记录城市基础设施的产生，却无法体现居民与这些基础设施的互动。然而，地图绘制更准确后，也促使第一批画家将兴趣转向

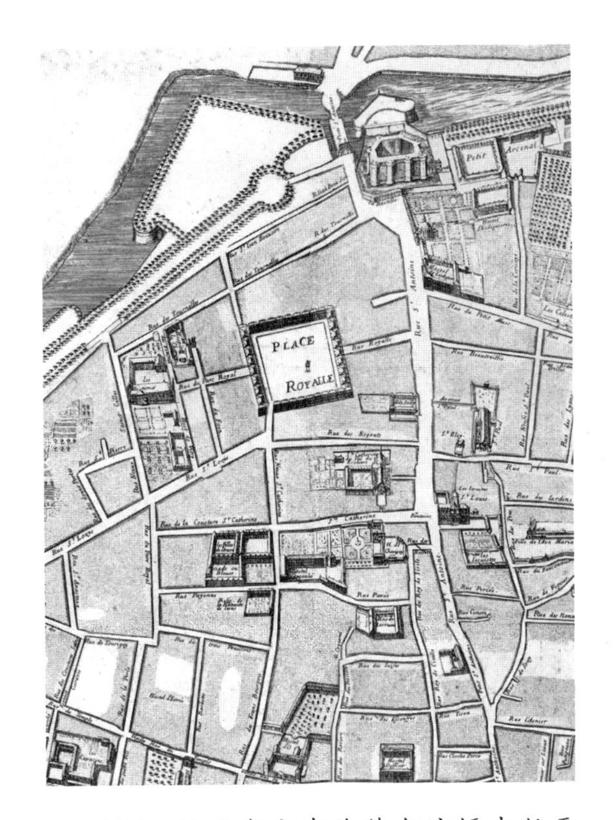

图4　从巴勒和布隆德尔这幅出版于1676年的地图上可以看到，玛莱区在一个世纪内发展成街道宽阔笔直、各类住宅汇聚的区域。新的公共步行道替代了布劳恩地图上的堡垒

描绘城市。于是，到了17世纪，描绘城市中心的画作开始在欧洲各国普及，而巴黎的形象也开始出现在最早一批的城市风景画中。

几乎在同一时期，城市绘画的传统出现在许多欧洲城市，尤其是阿姆斯特丹、巴黎和罗马；这些城市风景画是最早一批聚焦城市中心和生活的作品，在欧洲最早的世俗绘画时代中发挥了重大的作用。

绘画上的城市景象都体现了未来的期待；作品突出了引领每一轮

城市开发的目标和雄心。因此，画家提供了原创的城市画面，既描绘了城市的真实面貌，也表现了居民和外国游客眼中的城市。尽管这些油画并不绝对写实，却也能很好地告诉我们17世纪大城市生活的真相。更重要的是，这些画能够让我们了解，巴黎、伦敦和阿姆斯特丹的居民如何想为别处的人描绘自己的城市，旅行家又是如何记录自己走过的城市的模样。

17世纪描绘阿姆斯特丹和哈勒姆的作品也不断地证明，荷兰共和国鼎盛时期的都市中心是何等美丽和繁华。许多关于阿姆斯特丹的绘画上，都能看到当时最新的建筑，市政厅以及前面巨大的达姆广场。这些作品中，城市是平静的，人烟稀少，人们单独或成群走过宽阔的空间。一切都是原始的；市民的穿着能够体现财富和身份。城市秩序井然，无一例外；人们遵守规矩，毫不匆忙。

这些油画表达这样的信息：荷兰城市是繁荣的，人们生活富足，他们没有必要急急忙忙。新的建筑似乎就是这种稳定和持续繁荣的保证。

巴黎最早的形象与这些都市的图像截然不同。它们给人的印象，是一座想要创新且追求不同的城市，一座不可预知（一次偶然的相遇，或是一种前所未见的景象）成为普遍规则的城市。这些图像告诉我们，驱动巴黎的不仅是经济繁荣，还有活力、创新力和变革潜力。

217

这些表现形式中，大多数都突出了欧洲别地无法看到的都市现象，比如新桥的步行道，比如皇家广场里整齐的居住建筑。其主要焦点是这类创新建筑，而不仅仅展示民众的自豪。

在其他欧洲首都的作品中，城市居民的出现，似乎总是偶然现象。他们在一些地标建筑附近散步，而他们微小的身影似乎只是为了让人注意到地标之宏伟。他们身上看不到任何与城市互动的迹象。相反，巴黎建筑的景象则是能够表现出人们积极融入的场景。画中的人们利用新的方式交流,也利用城市造就的新建筑与城市产生互动;一些人甚至明显被身边发生的变化而深深吸引。17世纪巴黎景色的绘画,不仅第一次带给观者城市的模样,也首次表现了人在其中的位置。

皇家广场的落成也催生了最早的地道巴黎景观(彩图)。这位姓名不详的艺术家描绘的不是1612年的广场场景和那些聚集观看的观众,而是那些当时竣工的建筑。这幅画也最早描绘了居住建筑,以及建筑对城市中心的影响。

通过突出塔楼的蓝色石板屋顶,让其接近天空的颜色,这位画家似乎想要表达这座新的广场对塑造城市扮演的核心作用:这座广场是里程碑式的,它让周围的城市景色显得暗淡。这位画家突出了连续不断的屋顶以及环绕广场的立面,首次展示了整齐的建筑立面对城市结构视觉统一的贡献。

皇家广场一次次成为创作素材,因此人们也能够从一幅幅图中发现广场在17世纪经历的变化。一幅该世纪中叶的图像也实现了绘画的另一个"第一次":第一次描绘了城市消遣空间的功能(彩图)。

这幅油画表现了巴黎人在皇家广场漫步的方式。人们双脚踩在沙 218 地上,绝不踏入草地。这幅图也说明,在巴黎,消遣性空间也不可避免地成为自我展示的场所。一对坐在公园长凳的夫妇在观察周围人的举止;而一些走到阳台上的广场居民也在观察他们俩,这些阳台在当时也是这座城市最早的阳台。路易十四坐在马车里穿过广场,他被他的手下观察着,而他们也是他的观察对象。

但彻底激发当时画家想象的,是亨利四世成为巴黎主人后最先创造的公共工程。17世纪,新桥是欧洲最频繁进入作品的建筑。

如此多的新桥景象能在全欧洲的博物馆或者收藏品中得到表现，说明画家视其为推广巴黎城市体验的最佳途径，也说明当游客游览法国首都并吸纳其现代性时，他们认为这些图像正是城市最合适的代表。

一些画将塞纳河描绘成一条有实际功用的河，大大小小的船只在那争夺空间。另一些画中，河水是平静的，可一眼看到两边的景观。几乎所有的油画中都有游人，他们眼中的桥梁并不是用来过河的，而是用来欣赏河畔的风光的。新桥的景色也说明，一座桥能多方面地鼓励人们去挖掘都市之美。

一些人只是站在步行道的边缘；其他人则是利用观景台（彩图）。他们都十分清楚，新桥带给人们塞纳河两岸的城市全景，一种前所未有的城市景观。

河上的观众静静地站在熙熙攘攘的人群中。每一幅画的中心都体现出最早的步行道作为社会平衡器的功能。每一幅新桥的画面都代表了车辆对桥上空间的争夺，以及在那里产生的街道生活的方方面面，从买书到买苹果。每一幅画里都是真正的城市人群，来自不同社会层级的人擦身而过。

其中一幅图创作于17世纪初，画中有两位妇女坐在马车里，停下和两位贵族交谈，其中一位贵族徒步行走，另一位骑在马背上（彩图）。而经过他们身边的人群，多数来自不同的社会阶层。一些是巴黎的最 219 底层，其中一位是瘸子，和他一起行走在步行道上的有教士、街头小贩，还有贵族。在图画的背景中，几位男子正在脱衣服，准备下河游泳。

在这类早期社会大杂烩的画面中，几乎看不到任何类似奥斯曼改造后的绘画里所流露的疏离隔阂感。不同于马奈或者德加作品里的19世纪的巴黎，17世纪的巴黎绘画中，每个人都是积极的观众，他们欣赏周围热闹的景象，互相直视对方。

在其中一幅画中，路上出现两驾四轮马车。其中一驾马车过河时，乘客伸出窗户，没有任何羞怯，而车夫也不是盯着路面，而是看着路边，打望桥上的景象。第二驾马车的主人则完全没有路过而已的迹象，他们下令将车停在一边，转弯；马车停下，面朝城市的熙攘人群。

相比大幅绘画，一些纪念扇的价格更平易近人，同样刻画了不同社会阶层以及两性的融合，令欧洲其他城市的居民大开眼界。图5创作于1680年，用来纪念1679年8月在奥古斯汀码头（今天被称为大奥古斯汀码头）举行的第一次家禽和面包露天集市。（这幅扇面有扇的形状，但没有剪裁开来，这也可能说明，一些游客更愿意将完整的图画带回家摆放，而不是单纯用作女性饰品。）

220

图5　这个位于塞纳河岸的露天集市于1679年8月开张。这幅图中，巴黎各个年龄、各个阶层的人相处融洽。似乎这幅图就是用来宣传这座美丽、精心规划的城市的生活质量

到了1680年，河岸的卵石铺路工作临近完工。这把扇很好地宣传了河边铺好的步行道的乐趣和实用功能。在历经重新规划的这片地段，集市引来了来自巴黎各行各业的人。贵族自如出入人群，并没有担心自己的安全，也没小心翼翼地保护自己的身份；衣着典雅的贵族妇女则是寻找最新鲜的鸡肉（她身旁有男性陪伴）。其中一些人甚至单独出行，比如右边这位买面包的女士。没有人介意是否要带仆人。在右侧的画面前景，一位贵族的孩子和他的小狗在吓唬小鸟；他的父母很放心让他一人玩耍。在最左边，一位女商贩正取下男帽，让顾客试戴。似乎这位姓名不详的画家想要购买这柄纪念扇的游客知道，进入这个精心布置且充满诱惑的场景，融入形形色色的人，是无比惬意的。

一些图像宣传的是更高层次的都市娱乐。比如这幅1687年的时尚人物图像（图6），宣传的就是巴黎作为文化之都的角色。富有的巴黎人在观看巴黎歌剧舞团的同时，也能炫耀从欧洲最典雅的商店里买到的高档时装，正如图中这位在巴黎歌剧院门口等候的贵族男士所示。但是新桥上的露天剧场也是同等有名，而且这些表演，就像林荫大道晚上举行的舞会一样，是免费且向公众开放的。

如此多的地图和绘画，共同展现了都市中心由一座草木丛生的村庄转变为现代城市的历程，从一些基本设施的诞生，到形形色色的人的出现，产生互动，打破原本的家族和群体的界限。巴黎最早的一些图像，无论关于社会上层还是底层的，都能表明，巴黎是一个人们依靠自身努力能够创造前程的舞台。

伟大的城市和其城市规划代表着什么呢？

自17世纪初，巴黎那些影响力巨大的都市工程就开始解决这个问题了。在巴黎，只有当公共建筑不再仅仅用于纪念，这些建筑才会变得

图6　这幅1687年出版的版画描绘了一位在巴黎歌剧院门口等候的贵族。这幅画宣传了这座城市两个重要的名声，一个是巴黎人公开展示的时尚服饰，另一个则是巴黎高质量的表演艺术

重要。巴黎最早的绘画一次次地告诉我们，这座城市之所以重要，是因
221 为它不仅仅是一系列大建筑的集合，也远不只是一个商贸中心。巴黎是
一座新的首都，一座城市结构能够鼓励居民走出家门，在街上享受的首
222 都。在巴黎，无论来自哪里的人们能够自由融合。

没有哪一幅图会保证，这座新的巴黎是一座完美的城市。巴黎的富人绝不会和穷人分享财富；出身高贵的人也不会向自己阶层以外的人敞开大门。但是所有的居民都可以同享一片土地，且通常是以平等的地位。

人们常说，图像胜于雄辩。图像和语言的结合则是强强联合。步行道、城市广场、行人、交通堵塞、阳台、林荫大道、大道、河堤，甚至街道，这些词不是首创于17世纪的法语，就是在那里首次获得现代的意义。当时的图像也描绘了所有的现象，从贵族走出马车成为路边行人，到使用步行道的体验。这些图像和语言让人们注意到概念、行为以及便利的产生。少了这些，我们今天便无法想象城市的功能。图像和文字也让我们思考巴黎的塑造对这座城市历史的意义，以及对城市空间历史的意义。

还有一些其他的新词汇：金融家、新富人群、百万富翁、时尚、风流女人、猎富者。这些词汇都能表明它们共同的来源。战争给了法国新的边界，这些边界得到巩固后，帮助保护了巴黎，以致城墙可以拆除，被一条条林荫大道取代。这些战争同样催生了金融家和他们的巨额财富。从圣路易岛到旺多姆广场，由新富人群出资建造的居住建筑。也是巴黎获得现代建筑之都的赞誉的关键因素。一夜暴富者的财富也推动了奢侈品产业，没有这项产业，时髦绝对无法获得成就“时尚帝国”的动力，并在不久的将来成为欧洲城市的一股重要的力量。

17世纪巴黎产生的新词汇也表明，在林荫大道上和公共花园中成型的城市文化，也为急剧产生的社会新景象提供了空间。远在1789年

的革命以前，巴黎的贵族世界便已开始衰退。一座真正的贵族城市也绝不可能成为一座现代城市。

对世界各地的人来说，今天的巴黎无疑是世界上最美丽的城市。书本、电影、博客以及网站都在用相似的词语定义巴黎的魅力。读者们总能一次次地读到，巴黎建筑立面有着其他城市无法企及的整齐和统一。巴黎的公园和花园似乎为浪漫的散步活动而生。巴黎的桥梁以及广场则是其魅力的秘诀，尤其是孚日广场的拱廊。在林荫大道上散步，在塞纳河边散步，以及晚间漫步这座灯火之城，尤其是圣路易岛的街道，都是这种浪漫的核心。

223

今天的网站和博客也证明，亨利四世、路易・勒巴尔比耶、让—弗朗索瓦・布隆德尔，以及太阳王等人在城市规划方面的创新，对这座法国首都从荒土变成新型城市起到了关键作用。在科尔贝尔眼中，这些公共工程“能让外国人认识到的［巴黎的］宏伟”，还令巴黎具备了现代罗马的地位，其成就远远超越了规划者和出资者原本的计划。他们让巴黎成为一座模范城市，一个被广泛欣赏和模仿的都市奇迹。这些人塑造了我们今日所知的实实在在的巴黎，也塑造了游客心中念想的城市，一座三百多年来吸引游客、让他们的许诺得到满足的神秘城市。这许诺，正是让心理学家弗洛伊德梦想“踏上巴黎的路面”的那个。

近几百年来，新的城市诞生，旧的城市消亡，许多地方孕育出文化和金融首都，却无法撼动巴黎作为最伟大的现代城市的地位。巴黎给整个欧洲带来了全新的城市理念，将城市规划提炼成一种思想，甚至一种品格。巴黎激发了城市规划师的潜能，他们的发明令这座现代城市落地生根；巴黎也给游客带来别样的体验，令他们遐想现代城市的无数种可能性。

224

致　谢

本书得以成书，不得不感谢巴黎历史博物馆和伦敦博物馆。这两家博物馆收藏有17世纪的绘画和城市景观，帮助我更好地思考城市的变化对居民的影响。伦敦博物馆的安娜·斯帕汉带领我观赏藏品，提供了深刻而充分的讲解。巴黎历史博物馆的让—玛里耶·布吕松向我开放了几间长期对外封闭的画廊，使我有幸钻研绘画，极大地影响了我对17世纪巴黎的认知。布吕松百忙之中抽出时间，为我耐心讲解。他学识丰富，博闻强记，特此感谢。巴黎历史博物馆的热拉尔·莱里塞为我展示印刷作品室的大量材料，带我浏览17世纪绘画的藏品，帮我拍摄了许多重要照片。有如此天赋过人的摄影师，可谓博物馆的荣幸。

本书成稿的不同阶段，有幸得到他人审阅。我的代理艾丽丝·马特尔最先审读了本书，指出诸多合理的建议。我的编辑凯西·贝尔登及时、热心地提供反馈。杰里·辛格曼审阅了手稿的各部分，耐心给我指正和鼓励。

兰斯·唐纳森—埃文斯为我解答了许多关于16世纪以前的问题。克里斯蒂安·茹奥讨论了马萨林纳德，提供了信息，并推荐了一些参考资料。维多利亚和阿尔伯特博物馆的莱斯利·米勒为我推荐了一些宝贵的参考，并就图片内容给出意见。在巴黎市历史图书馆，热纳维耶·莫莱向我介绍了馆内收藏的一些早期商户的名片。利利亚纳·魏斯贝格和法比奥·菲诺蒂为我解答了德国和意大利的历史变革的问题。克里斯托夫·马德雷林梳理了荷兰的新富人群的历史。乔·法雷尔和拉尔夫·罗桑总能热心地解答疑问，让我深入了解巴黎和古罗马的异同。詹姆斯·阿梅朗慷慨分享了早期现代城市的参考资料和信息。卡洛琳·格拉布斯和马特·佩吉特在检索上提供了重要的帮助，充分利用本人欠缺的网络技术，搜索稀缺资料。马特还在编辑和管理图片上提供了富有新意的意见，及时解答问题。

宾夕法尼亚大学冯·佩尔特图书馆的琳恩·法林顿和约翰·波利亚克提供了16、17世纪地图的扫描件。琳恩还主动与我探讨、研究马萨林纳德。克里斯·利帕和埃尔顿—约翰·托雷斯是电子技术的行家。堪萨斯大学的斯潘塞图书馆特别藏品库的卡伦·库克为我扫描了杜尔哥地图，保留了许多细节。最后，感谢摄影大师艾伦·奇麦克夫。他熟知如何做出最佳的效果。他通过电子邮件，不厌其烦地指导我拍摄高难度的照片，为我调整图片。

2013年2月

巴黎

参考文献

Académie galante. Amsterdam: [Wetstein], 1682.

Adieu et le desespoir des autheurs et escrivains de libelles de la guerre civile, L'. Paris: Claude Morlot, 1649.

Affiches des jurés crieurs de Paris. Bibliothèque Nationale de France F49, no. 36.

Affiches de Paris, des provinces, et des pays étrangers, Les. Paris: C. L. Thiboust, 1716.

Agréable et véritable récit de ce qui s'est passé devant et depuis l'enlèvement du roi. Paris: Jacques Guillery, 1649.

Alembert, Jean Le Rond d'. "Éloge de Choisy." *Éloges lus dans les séances publiques de l'Académie Française.* Paris: Panckouke, 1779.

Allainval, Abbé Léonor Jean Soulas d'. *L'École des bourgeois.* Paris: Veuve Pierre Ribou, 1729.

Alpers, Svetlana. *The Art of Describing: Dutch Art of the 17th Century.* Chicago: University of Chicago Press, 1984.

Alphand, Adolphe. *Promenades de Paris.* Paris: Rothschild, 1868.

Alquié, François Savinien d'. *Les Délices de la France.* 2 vols. Paris: G. de Luyne, 1670.

À Monsieur de Broussel, conseiller du Roy au parlement de Paris. Paris: François Noel, 1649.

Andia, Béatrice de, and Nicolas Courtin. *L'Île Saint- Louis.* Paris: Action Artistique de la Ville de Paris, 1997.

Aristotle. *La Rhétorique d'Aristote en français.* Translated by F. Cassandre. Paris: L. Chamhoudry, 1654.

Arrest de la cour ... portant deff enses à toutes personnes ... de s'attrouper sur le Pont-neuf. Paris: Par les imprimeurs et libraires ordinaires du roy, 1652.

Aubignac, François Hédelin, Abbé de. *Conjectures académiques, ouvrage posthume, trouvé dans les recherches d'un savant.* 1715. Edited by G. Lambin. Paris: Champion, 2010.

——. *Histoire du temps, ou relation du royaume de la Coqueterie.* Paris: Charles de Sercy, 1654.

Audiger. *La Maison reglée.* Paris: Nicolas Le Gras, 1692.

Aulnoy, Marie Catherine Le Jumel de Barneville, Comtesse d'. *Relation du voyage d'Espagne.* 3 vols. Paris: Claude Barbin, 1691.

Auneuil, Louise de Bossigny, comtesse d'. *Les Colinettes, nouvelles du temps, mois de mars 1703.* Paris: Pierre Ribou, 1703.

Aviler, Augustin Charles d'. *Cours d'architecture.* Paris: Nicolas Langlois, 1691.

Avity, Pierre, and Jean-Baptiste de Rocoles. *Description générale de l'Europe: Nouvelle edition revue et augmentée.* 2 vols. Paris: Denis Bechet and Louis Billaine, 1660.

Babelon, Jean-Pierre. *Demeures parisiennes sous Henri IV et Louis XIII.* Paris: Le Temps, 1965.

——. "Henri IV, urbaniste au Marais." *Festival du Marais, programme.* Paris: Festival du Marais, 1966.

——. "Histoire de l'architecture au XVIIe siècle." *École pratique des hautes études, 4e section, Sciences historiques et philologiques, Annuaire 1975—1976.* Paris: École pratique des hautes études, 1976: 695—714.

——. *Jacopo da Trezzo et la construction de l'Escurial (1519—1589).* Bordeaux and Paris: Feret et Fils and E. de Boccard, 1922.

——. *Nouvelle histoire de Paris: Paris au XVIe siècle.* Paris: Hachette, 1986.

——. "L'Urbanisme d'Henri IV et de Sully à Paris." *L'Urbanisme de Paris et de l'Europe, 1600—1680.* Edited by Pierre Francastel. Paris: Klincksieck, 1969: 47—60.

Baillet, Adrien. *La Vie de Monsieur Descartes.* Paris: D. Horthelmels, 1691.

Ballon, Hilary. "La Création de la Place Royale," in Alexandre Gady, ed., *De la Place Royale à la Place des Vosges* (Paris: Action Artistique de la Ville de Paris, 1996): 39—49.

——. *The Paris of Henri IV: Architecture and Urbanism.* New York: The Architectural History Foundation, 1991.

Ballon, Hilary, and D. Helot-Lécroart. "Le Château et les jardins de Rueil du temps de Jean de Moisset et du Cardinal de Richelieu: 1606—1642," in *Mémoires de Paris et l'Île de France* 36 (1985): 21—94.

Balzac, Honoré de. *Histoire et physiologie des boulevards de Paris.* 1844. In *Oeuvres completès.* 40 vols. Paris: Louis Conard, 1912—1940.

——. *Le Père Goriot.* Edited by P. G. Castex. 3 vols. Paris: Gallimard, 1976.

——. *Père Goriot.* Translated by A. J. Krailsheimer. Oxford: Oxford University Press, 1992.

Balzac, Jean Louis Guez de. *Lettres de Mr de Balzac: seconde partie.* 2 vols. Paris: Pierre Rocolet, 1636.

Barbiche, Bernard. "Les Premiers propriétaires de la Place Royale," in Alexandre Gady, ed., De la Place Royale à la Place des Vosges (Paris: Action Artistique de la Ville de Paris, 1996), 50—58.

Bardet, Gaston. *Naissance et méconnaissance de l'urbanisme: Paris.* Paris: SABRI, 1951.

Baron, Michel. *La Coquette et la Fausse Prude.* Paris: Thomas Guillain, 1687.

Bassompierre, François de. *Mémoires du Maréchal de Bassompierre.* 2 vols. Amsterdam: Au Dépens de la Compagnie, 1723.

Battaglia, Salvatore. *Grande Dizionario della Lingua Italiana.* 21 vols. Turin: Unione Tipografi co- Editrice Torinese, 1961—2002.

Baudelaire, Charles. *Les Fleurs du mal.* Translated by Richard Howard. Boston: David Godine, 1982.

Baulant, M. "Le Salaire des ouvriers du bâtiment à Paris de 1400 à 1762." *Annales.* March—April 1971: 463—483.

Bayard, Françoise. *Le Monde des financiers au XVIIe siècle.* Paris: Flammarion, 1988.

Beauchamps, Pierre de. *Recherches sur les théâtres de France.* 3 vols. Paris: Prault, 1735.

Bellanger, Claude, ed. *Histoire générale de la presse française.* Vol. 1. Paris: PUF, 1969.

Benjamin, Walter. *The Arcades Project.* Translated by H. Eiland and K. McLaughlin. Cambridge, MA: The Belknap Press, 1999.

Bentivoglio, Cardinal Guido. *Les Lettres du Cardinal Bentivoglio.* Paris: Étienne Loyson, 1680.

Bernard, Leon. *The Emerging City: Paris in the Age of Louis XIV.* Durham, NC: Duke

University Press, 1970.

Bernier, François. *Événements particuliers, ou ce qui s'est passé de plus considérable ... dans les états du grand Mogol*. Paris: Claude Barbin, 1670.

——. *Voyages de François Bernier ... contenant la description des états du Grand Mogol, de l'Hindoustan*. 2 vols. Amsterdam: Paul Marret, 1699.

Berthod (later also written Berthaud), Claude Louis. *La Ville de Paris en vers burlesques*. 1652. Paris: Guillaume Loyson and Jean-Baptise Loyson, 1654.

[Bethel, Slingsby.] J. B. *An Account of the French Usurpation upon the Trade of England, and What Great Damage the English Do Yearly Sustain by Their Commerce*. London, 1679.

Blégny, Nicolas de. (Abraham Du Pradel.) *Les Adresses de la ville de Paris*. Paris: Veuve de D. Nion, 1691.

——. *Le Livre commode contenant les addresses de la ville de Paris*. Paris: Veuve de D. Nion, 1692.

——. *Le Livre commode des addresses de Paris pour 1692*. Edited by E. Fournier. 2 vols. Paris: Paul Daffis, 1878.

Blondel, François. *Cours d'architecture*. Paris: Pierre Auboin et François Clouzier, 1675—1683.

——. *Nouvelle manière de fortifier les places*. Paris: L'Auteur and Nicolas Langlois, 1683.

Blunt, Anthony. *Art and Architecture in France, 1500—1700*. London: Penguin Books, 1973.

Bonney, Richard. *The King's Debts: Finance and Politics in France, 1589—1661*. Oxford: Clarendon Press, 1981.

[Bordelon, Abbé Laurent.] *Lettres familières ... à un nouveau millionnaire*. 2 vols. Paris: Cavelier, Saugrain, 1725.

——. *Le Livre à la mode*. 1695. *Diversités curieuses*. Dixième partie. Amsterdam: André de Hoogenhuysen, 1699.

——. *Le Voyage forcé de Becafort hypocondriaque*. Paris: Jean Musier, 1709.

Boucher, François. *Le Pont-Neuf*. 2 vols. Paris: Le Goupy, 1925—1926. Preface by Pierre Lavedan: 5—60.

——. "Les Sources d'inspiration de l'enseigne de Gersaint." *Bulletin de la société de l'histoire de l'art français*. 1957. Paris: Armand Colin, 1958: 123—129.

Boutier, Jean, Jean- Yves Sarazin, and Marine Sibille. *Les Plans de Paris des origines (1493) à la fin du XVIIIe siècle*. Paris: BNF, 2007.

Boutrage, Raoul. *Histoire de l'incendie et embrazement du palais de Paris*. Paris:

Abraham Saugrain, 1618.

Boyer, Abel. *Dictionnaire royal, François et Anglois.* 2 vols. La Haye: Chez Meyndert Uytwerf, 1702.

Brice, Germain. *Description nouvelle de ce qu'il y a de plus intéressant et de plus remarquable dans la ville de Paris.* Paris: Chez Veuve Audinet or Nicolas Le Gras, 1684 (identical first editions).

——. *Description nouvelle de la ville de Paris ... à quoi on a joint un nouveau plan de Paris et le nom de toutes les rues, par ordre alphabétique.* 2 vols. Paris: Nicolas Le Gras, Nicolas Le Clerc, and Barthélemy Girin, 1698.

——. 2 vols. Paris: Chez Michel Brunet, 1706.

——. 2 vols. Paris: F. Fournier, 1713.

——. 4 vols. Paris: J. M. Gandouin et F. Fournier, 1725.

——. *Le Nom de toutes les rues de la ville de Paris par ordre alphabétique.* Paris: Nicolas Le Gras, Nicolas Le Clerc, and Barthélemy Girin, 1698.

Brièle, Léon. *Collection des documents pour servir à l'histoire des hôpitaux de Paris.* 4 vols. Paris: Imprimerie Nationale, 1881—1887.

Browne, Edward. *Journal of a Visit to Paris in the Year 1664.* Edited by G. Keynes. London: Saint Bart's Hospital Reprints, 1923.

Bullet, Pierre. *Traité de l'usage du pantomètre, instrument géométrique.* Paris: André Pralard, 1675.

Byron, George Gordon, aka Lord. *So Late into the Night: Byron's Letters and Journals.* Edited by L. Marchand. 6 vols. Cambridge, MA: Harvard University Press, 1976.

Cahen, Gustave. *Eugène Boudin: Sa Vie et son oeuvre.* Paris: H. Floury, 1900.

Caraccioli, Louis Antoine, Marquis de. *Paris en miniature.* Paris: Maredan, 1784.

——. *Paris, le métropole de l'univers.* Paris: Le Normant, 1802.

——. *Paris, le modèle des nations étrangères.* Paris: Veuve Duchesne, 1777.

——. *Voyage de la raison en Eu rope.* Paris: Saillant et Nyon, 1772.

Carrousel des pompes et magnifi cences faites en faveur du mariage du la Très Chrétien Roi Louis XIII avec Anne Infante d'Espagne. Paris: Louis Mignot, 1612.

Carsalade du Pont, Henri de. *La municipalité parisienne à l'époque d'Henri IV.* Paris: Éditions Cujas, 1971.

Catalogue des partisans, ensemble leur généologie, et extraction, vie, moeurs, et fortunes. Paris, 1651.

Chabeau, Gilles. "Images de la ville et pratique du livre: le genre des guides de Paris (XVIIe—XVIIIe siècles)." *Revue d'histoire moderne et contemporaine.* XLV- 2 (April—June 1998): 323—345.

Dennis, Michael. *Court and Garden: From the French Hôtel to the City of Modern Architecture*. Cambridge, MA: MIT Press, 1988.

Dent, Julian. *Crisis in Finance: The Crown, Financiers, and Society in 17th-Century France*. London: David and Charles Newton Abbot, 1973.

Dérens, Isabelle. "La Grille de la Place Royale," in Alexandre Gady, ed., De la Place Royale à la Place des Vosges (Paris: Action Artistique de la Ville de Paris, 1996), 74—77.

Descimon, Robert. "Les Barricades de la Fronde parisienne: Une lecture sociologique." *Annales*. 45e Année, No. 2 (1990): 397—422.

Dessert, Daniel. *Argent, pouvoir et société au grand siècle*. Paris: Fayard, 1984.

Dethan, Georges. *Nouvelle histoire de Paris: Paris au temps de Louis XIV (1660—1715)*. Paris: Hachette, 1990.

Deville, Adrien, and Émile Hochereau. *Receuil des lettres patentes, ordonnances, décrets et arrétés préfectoraux concernant les voies publiques*. 3 vols. Paris: Imprimerie nouvelle, 1886—1902. (NB: The volumes were edited by A. Alphand and M. Bouvard under the direction of Deville and Hochereau; some libraries thus catalogue them under Alphand and Bouvard.)

Dialogue entre le roi de bronze et la Samaritaine sur les affaires du temps présent. Paris: Arnould Cotinet, 1649.

Donneau de Visé, Jean. *Voyage des ambassadeurs de Siam en France*. Paris: Au Palais, 1686.

Doubdan, Jean. *Le Voyage de la Terre-Sainte*. 1657. Paris: Chez Pierre Bien- Fait, 1666.

Dralsé de Grand-Pierre, Sieur de. *Relation de divers voyages*. Paris: C. Jombert, 1718.

Du Bail, Louis Moreau. *Les Filles enlevées*. 2 vols. Paris: Jonas de Briquegny, 1643.

Dubbini, Renzo. *Geography of the Gaze: Urban and Rural Vision in Early Modern Europe*. Translated by L. Cochrane. Chicago: University of Chicago Press, 2002.

Dubois, Marie. "Journal de la Fronde." *Revue des sociétés savantes*. 1865. Vol. 2: 324—338.

Du Breul, Father Jacques. *Le Théâtre des antiquités de Paris*. Paris: Claude de La Tour, 1612.

Dubuisson-Aubenay, François-Nicolas Baudot, seigneur. *Journal des guerres civiles: 1648—1652*. Edited by Gustave Saige. 2 vols. H. Champion, 1883—1885.

DuFresny, Charles. *Amusements sérieux et comiques, seconde édition, ... augmentée*. 1705. Paris: Veuve Barbin, 1707.

Dumolin, Maurice. *Études de topographie parisienne*. 3 vols. Paris: Daupeley-

Gouverneur, 1931.
——. *Les Propriétaires de la place Royale (1605—1789)*. Paris: Champion, 1926.
Du Noyer, Anne Marguerite Petit. *Lettres historiques et galantes*. 1713. 6 vols. London: Chez Jean Nourse, 1739.
——. 6 vols. Amsterdam: Pierre Brunel, 1720.
Dupâquier, Jacques, et al. *Histoire de la population française*. Vol. 2: *De la Renaissance à 1789*. Paris: PUF, 1988.
Dupoux, Albert. *Sur les pas de Monsieur Vincent: Trois cents ans d'histoire parisienne de l'enfance abandonée*. Paris: Revue de l'Assistance publique de Paris, 1958.
Dupuy- Demportes, Jean-Baptiste. *Histoire générale du Pont-Neuf*. London: 1750.
Edgeworth, Maria. *Maria Edgeworth in France and Switzerland*. Edited by C. Colvin. Oxford: Clarendon Press, 1979.
Entretiens galants ou conversations sur la solitude. 2 vols. Paris: Jean Ribou, 1681.
État général des baptêmes, mariages, et mortuaires des paroisses de la ville et fauxbourgs de Paris. Paris: F. Léonard, 1670.
Evelyn, John. *The Diary of John Evelyn*. Edited by E. S. de Beer. 5 vols. Oxford: Clarendon Press, 1955.
——. *The State of France*. London: G. Bedest and C. Collins, 1652.
Félibien, André. *Des Principes de l'architecture, de la sculpture, de la peinture*. Paris: Jean Baptiste Coignard, 1676.
Félibien, Father Michel. *Histoire de la ville de Paris, depuis son commencement connu jusqu'à présent*. 5 vols. Paris: Guillaume Desprez and Jean Desessartz, 1725.
Feuillet, Alphonse. *La Misère au temps de la Fronde*. Paris: Librairie Académique, 1862.
Field, Cynthia R. "Interpreting the Influence of Paris on the Planning of Washington, D.C., 1870—1930." In *Paris on the Potomac: The French Influence on the Architecture and Art of Washington, D.C.* Edited by I. Gournay. Athens: Ohio University Press/The U.S. Capitol Historical Society, 2007: 117—138.
Flaubert, Gustave. *Madame Bovary*. Translated by E. Aveling and P. de Man. New York: W. W. Norton, 2004.
——. *Madame Bovary*. 1910. Paris: Louis Conard, 1930.
Fleury, Michel. "Notice sur la vie et l'oeuvre de Sauval." *"Si le roi m'avait donné sa grande ville."* Paris: Maison Neuve et Larose, 1974.
Forbonnais, François Véron de. *Recherches sur les finances de la France entre 1585 et 1721*. 2 vols. Basel: Frères Cramer, 1758.
Fougeret de Monbron, Louis Charles. *Le Cosmopolite, ou Le Citoyen du monde*. 1750.

Press, 1987.
La Bruyère, Jean de. *Les Caractères.* Edited by E. Bury. Paris: Livre de Poche Classique, 1995.
La Caille, Jean de. *Description de Paris en vingt planches.* Paris: Jean de La Caille, 1714.
Lambeau, Louis. *La Place Royale.* Paris: H. Daragon, 1906.
Lancaster, Henry Carrington. *A History of French Dramatic Literature in the 17th Century.* 1936. New York: Gordian Press, 1966.
Langenskiöld, Eric. *Pierre Bullet, the Royal Architect.* Stockholm: Almquist and Wiksell, 1959.
La Roche, Sophie von. *Sophie in London, 1786.* 1788. Translated by C. Williams. London: Jonathan Cape, 1933.
La Rochemaillet, Gabriel Michel de. *Théâtre de la ville de Paris.* Written c. 1630. Edited by V. Dufour. Paris: A. Quantin, 1880.
Lasteyrie, R. de. *Documents inédits sur la construction du Pont-Neuf.* Paris, 1882.
Lauder, Sir John. *Journals of Sir John Lauder: 1665—1676.* Edinburgh: The Scottish History Society, 1900.
Laugier de Porchères, Honoré. *Le Camp de la place Royale.* Paris: Jean Micard, 1612.
Laurens, Abbé H. J. de. *Le Compère Matthieu, ou les Bigarrures de l'esprit humain.* London: Au Dépens de la Compagnie, 1732.
Lavedan, Pierre. *Histoire de l'urbanisme,* Vol. 2: *Renaissance et temps moderne.* 3 vols. Paris: H. Laurens, 1926—1952.
——. *Histoire de l'urbanisme à Paris.* Vol. 16 of *Nouvelle histoire de Paris.* 20 vols. Paris: Hachette, 1975.
Le Clerc, Jean. *Bibliothèque ancienne et moderne.* Amsterdam: Frères Wetstein, 1721.
Le Comte, Louis. *Nouveaux mémoires sur l'état présent de la Chine.* 2 vols. Paris: J. Anisson, 1696.
Le Conte, Denis. *Métérologie ou l'excellence de la statue de Henri Le Grand soulevée sur le pontneuf.* Paris: Joseph Guerreau, 1614.
Le Dru, Nicolas. *Lettre à Monsieur le Cardinal.* Paris: Arnould Cotinet, 1649.
Lefèvre d'Ormesson, Olivier. *Journal d'Olivier Le Fèvre d'Ormesson.* Edited by A. Chéruel. 2 vols. Paris: Imprimerie impériale, 1890.
Lehrer, Jonah. *Imagine How Creativity Works.* Boston and New York: Houghton Mifflin Harcourt, 2012.
Le Maire, Charles. *Paris, ancien et nouveau.* 3 vols. Paris: T. Girard, 1685.
Le Moël, Michel. "La Topographie des quartiers de Paris au XVIIe siècle." *Cahiers*

du CREPIF 38 (March 1992): 63—73.

Le Nain de Tillemont, Sébastien. *Histoire ecclésiastique des six premiers siècles.* 15 vols. Paris: C. Robustel, 1694—1719.

Le Noble, Eustache. *L'École du monde.* "Premier entretien: De la Connaissance des hommes." 1694. Paris: M. Jouvenel, 1700.

——. *École du monde nouvelle, ou les promenades de Mr. Le Noble.* Paris: Guillaume de Luynes et Pierre Ribou, 1698.

——. *La Fausse comtesse d'Isamberg.* Paris: Martin et George Jouvenel, 1697.

——. *La Grotte des fables.* Paris: Martin Jouvenel, 1696.

Le Petit, Claude. "Paris ridicule." In *Oeuvres diverses du Sr. D.* 1713. 2 vols. Amsterdam: Frisch and Bohm, 1714.

Le Prestre, Claude. *Questions notables de droit.* Paris: NP, 1679.

Le Rouge, Georges Louis/Claude Saugrain. *Les Curiositez de Paris.* Paris: Saugrain, 1716.

——. *Les Curiositez de Paris.* Paris: Saugrain, 1719.

Le Roux, Philibert Joseph. *Dictionnaire comique, satyrique, critique et proverbial.* Amsterdam: Michel Le Cene, 1718.

Lesage, Alain René. *Le Bachelier de Salamanque.* Paris: Valleyre, 1736.

——. *Histoire d'Estevanille Gonzalez.* Paris: Chez Prault Père, 1734.

——. *Turcaret.* 1709. Edited by P. Frantz. Paris: Gallimard, 2003.

——. *La Valise trouvée.* Paris: Prault, 1740.

L'Estoile, Claude de. *L'Intrigue des filous.* Paris: Antoine de Sommaville, 1648.

L'Estoile, Pierre de. *Mémoires-journaux.* Edited by G. Brunet et al. 11 vols. Paris: Librairie des bibliophiles, 1875—1883.

Lettre du roi Henry IV, en bronze, du Pont Neuf, à son fils Louis XIII, de la Place Royale. Paris: Jean Paslé, 1649.

Lettre du vrai soldat français au cavalier Georges. Paris: Denys Langlois, 1649.

Lettres historiques, contenant ce qui se passe de plus important en Europe. May 1721. Amsterdam: Chez la Veuve de Jaques Desbordes, 1721.

Liger, Louis. *Le Voyageur fidèle, ou le Guide des étrangers dans la ville de Paris.* Paris: Pierre Ribou, 1715.

Limnaeus, Johannes. *Notitiae regni franciae.* 2 vols. Argentorati, Friderici Spoor, 1655.

Lippomano, Luigi. *A Description of Paris.* In *In Old Paris.* Translated by R. Berger. New York: Italica Press, 2002.

Lister, Martin. *A Journey to Paris in the Year 1698.* London: Jacob Tonson, 1699.

Locatelli, Sebastiano. *Viaggio di Francia (1664—1665).* Moncalieri: Centro

Interversitario di Ricerche sul Viaggio in Italia, 1990.

——. *Voyage de France (1664—1665).* Translated by A. Vautier. Paris: Alphonse Picard, 1905.

Long, Yuri. *From the Library: The Fleeting Structures of Early Modern Europe.* Washington, D.C.: National Gallery of Art, 2012.

Loret, Jean. *La Muze historique.* Edited by J. Ravenel and V. De La Pelouze. 4 vols. Paris: P. Jannet, 1857.

Lough, John. *France Observed in the 17th Century by British Travelers.* Stocksfield: Northumberland, 1984.

Louis XIV. *Mémoires de Louis XIV pour l'instruction du Dauphin.* Edited by C. Dreyss. 2 vols. Paris: Didier, 1860.

Machines et inventions approuvées par l'Académie Royale des Sciences. 10 vols. Paris: Gabriel Martin, Jean-Baptiste Coignard, fils, Hippolyte-Louis Guérin, 1735.

Madrisio, Nicolò. *Viaggi per l'Italia, Francia, e Germania.* 2 vols. Venice, 1718.

Maere, Jan de, and Nicolas Sainte Fare Garnot. *Du Baroque au classicisme: Rubens, Poussin, et les peintres du XVIIe siècle.* Paris: Musée Jacquemart-André, 2010.

Mahelot, Laurent. *Le Mémoire de Mahelot.* Edited by H. C. Lancaster. Paris: Honoré Champion, 1920.

Mailly, Jean-Baptiste. *L'Esprit de la Fronde, ou histoire politique et militaire des troubles de la France pendant la minorité de Louis XIV.* 5 vols. Paris: Moutard, 1772.

Mailly, Louis de. *Avantures et lettres galantes, avec la promenade des Tuileries.* Paris: Guillaume de Luyne, 1697.

Malingre, Claude. *Annales générales de la ville de Paris.* Paris: Pierre Rocolet, 1640.

Marana, Giovanni Paolo. *Lettre d'un Sicilien à un de ses amis.* Chambery: P. Maubal, 1714.

Marion, Marcel. *Dictionnaire des institutions de la France aux XVIIe et XVIIIe siècles.* Paris: Auguste Picard, 1923.

Martin, Germain, and Marcel Bezançon. *Histoire du crédit en France sous le règne de Louis XIV.* Paris: Librairie de la Société du Receuil J.-B. Sirey et du Journal du Palais, 1913.

McNeil, Peter, and Giorgio Riello. "The Art and Science of Walking: Gender, Space, and the Fashionable Body in the Long 18th Century." *Fashion Theory.* 9, no. 2 (2005): 175—204.

Médailles sur la régence; avec les tableaux symboliques du Sieur Paul Poisson de Bourvalais. A Sipar ［Paris］: Chez Pierre Le Musca, 1716.

Mémoires d'un soldat de l'ancien régime. 1719. In *Souvenirs et mémoire.* VI (January—June 1901). Paris: Lucien Gougy, 1901.

Mercier, Louis Sébastien. *Entretiens du jardin des Tuilieries.* Paris: Buisson, 1788.

——. *Le Tableau de Paris.* 8 vols. Amsterdam ［Neuchâtel: Jonas Fauche and Jérémie Witel］ , 1782.

Mercure françois, Le, ou la suite de l'histoire de la paix. Paris: Jean Richer, 1612.

——. Paris: Étienne Richer, 1625.

Milliot, Vincent. *Paris en bleu.* Paris: Parigramme, 1996.

Milne, Anna-Louise, ed. *The Cambridge Companion to the Literature of Paris.* Cambridge: Cambridge University Press, 2013.

Molière, Jean-Baptiste Poquelin de. *Oeuvres.* Edited by A. Regnier. 11 vols. Paris: Hachette/Grands Écrivains de la France, 1875.

Monmerqué, L. J. N. *Les Carrosses à cinq sols, ou les omnibus du 17e siècle.* Paris: Firmin Didot, 1828.

Montagu, Lady Mary Wortley. *The Complete Letters of Lady Mary Wortley Montagu.* Edited by R. Halsband. 3 vols. Oxford: Oxford at the Clarendon Press, 1965.

Montgolfi er, Bernard de. "Galerie des vues de Paris." *Bulletin du Musée Carnavalet.* 1970:1 (6—17); 1970:2 (23—43).

——. "Trois vues de Paris." *Bulletin du Musée Carnavalet.* 11, no. 1 (June 1958): 8—15.

Montpensier, Anne Marie Louise d'Orléans, Duchesse de. *Mémoires.* Edited by A. Cheruel. 4 vols. Paris: G. Charpentier, 1858—1859.

Montreuil, Mathieu de. *Les Oeuvres de Monsieur de Montreuil.* Paris: Thomas Jolly, 1666.

Moreau, Célestin. *Choix de mazarinades.* 2 vols. Paris: Renouard, 1853.

Motteville, Françoise Bertaut, Dame de. *Mémoires pour servir à l'histoire d'Anne d'Autriche, épouse de Louis XIII.* Edited by C. Petitot. 5 vols. Paris: Foucault, 1824—1825.

Mouton, Léo. "Deux financiers au temps de Sully: Largentier et Moisset." *Bulletin de la société de l'histoire de Paris et de l'Île de France.* LXIV (1937): 65—104.

Nemeitz, J. C. *The Present State of the Court of France and City of Paris.* London: E. Curll, 1712.

——. *Séjour de Paris, c'est à dire, instructions fidèles pour les voyageurs de condition ... Durant leur séjour à Paris.* 1719. 2 vols. Leiden: Jean Van Abcoude, 1727.

Newman, Karen. *Cultural Capitals: Early Modern Paris and London.* Princeton, NJ: Princeton University Press, 2007.

Nouveau recueil de chansons. La Haye: J. Neaulm, 1723.

Ordonnance du bureau de la ville défendant d'endommager les arbres qui sont plantés sur les remparts. Paris: Frédéric Léonard, 1684.

Ordonnance de Louis XIV, roy de France et de Navarre, donnée à Paris au mois de mars 1669 concernant la jurisdiction des Prévosts des marchands et des eschevins de la ville de Paris. Paris: Frédéric Léonard, 1676.

Ordonnance de Louis XIV, roy de France et de Navarre, donné à Paris en 1685, concernant la jurisdiction des Prévosts des marchands et des eschevins de la ville de Paris. Paris: Frédéric Léonard, 1685.

Oudin, Antoine. *Curiosités françaises.* Paris: Antoine de Sommaville, 1640.

Ouville, Antoine Le Métel, Sieur d'. *La Coiffeuse à la mode.* Paris: Toussaint Quinet, 1647.

——. *La Dame suivante.* Paris: Toussaint Quinet, 1645.

——. *L'Esprit folet.* Paris: Toussaint Quinet, 1642.

Pallier, Denis. "Première flambée d'occasionels de la Ligue à la Fronde." In *Éphémères et curiosités.* Chambéry: Bibliothèque municipale de Chambéry, 2004: 44—55.

Panard, Charles François. *Théâtre et oeuvres diverses.* 4 vols. Paris: Duchesne, 1763.

Pardailhé-Galabrun, Annik. *The Birth of Intimacy: Privacy and Domestic Life in Early Modern Paris.* Translated by J. Phelps. Philadelphia: University of Pennsylvania Press, 1991.

Partisans démasquez, nouvelle plus que galante, Les. 1707. Cologne: Chez Adrien l'Enclume, Gendre de Pierre Marteau, 1709.

Pascal, Blaise. *Oeuvres de Blaise Pascal.* Edited by Léon Brunschvicg et al. 10 vols. Paris: Hachette, 1914.

——. *Oeuvres complètes.* Edited by Jean Mesnard. 4 vols. Paris: Desclée de Brouwer, 1992.

Patin, Guy. *Lettres.* Edited by J. H. Reveillé- Parise. 3 vols. Paris: J.-B. Baillière, 1846.

——. *Lettres de Guy Patin, 1630—1672.* 2 vols. Paris: Champion, 1907.

——. *Lettres du temps de la Fronde.* Edited by A. Thérive. Paris: Frédéric Paillart, 1921.

Patru, Olivier. *Plaidoyers et autres oeuvres d'Olivier Patru.* Paris: S. Mabre-Cramoisy, 1670.

Peiresc, Nicolas Claude Fabri de. *Lettres de Nicolas Peiresc.* 7 vols. Paris: Imprimerie Nationale, 1888—1898.

Pepys, Samuel. *The Diary of Samuel Pepys.* Edited by R. Latham and W. Matthews. 9

vols. Los Angeles and Berkeley: University of California Press, 1976.

Perrault, Charles. *Courses de têtes et de bagues faites par le roy ... en l'année 1662.* Paris: De l'Imprimerie Royale, 1670.

——. *Les Hommes illustres.* 2 vols. Paris: A. Dezallier, 1696—1700.

Petit, Pierre. "De l'Antiquité, grandeur, richesse, etc. de la ville de Paris." Preface to *Le plan de Paris de Jacques Gomboust.* 1652. Edited by Le Roux de Lincy. Paris: Techener, 1858.

Petitguillaume, Laurent, et al. *Les Coulisses du Pont-Neuf.* Paris: Chêne, 2010.

Philippot. *Recueil nouveau des chansons du Savoyard par lui même chantées dans Paris.* Paris: Veuve Jean Promé, 1665.

Phillips, E. T*he New World of Words, or a General English Dictionary.* London: Obadiah Blagrave, 1678.

Piganiol de La Force, Jean-Aimar. *Description de Paris.* 10 vols. Paris: Guillaume Desprez, 1765.

Pillorget, René. *Nouvelle histoire de Paris sous les premiers Bourbons: 1594—1661.* Paris: Hachette, 1988.

Pincus, Steven C. A. "From Butterboxes to Wooden Shoes: The Shift in English Popular Sentiment from Anti-Dutch to Anti-French in the 1670s." *The Historical Journal* 38, no. 2 (1995): 333—361.

Piossens, Chevalier de. *Mémoires de la régence.* 1729. 5 vols.; Amsterdam, 1749.

Plan levé par les ordres du roy par le Sr. Bullet architecte du roy et de la ville sous la conduite de M. Blondel de l'Académie royale d'Architecture. Four-page text that is found with certain copies of the Bullet-Blondel map. Paris: Boissière, 1676.

Pluton maltôtier. Cologne: Chez Adrien l'Enclume, Gendre de Pierre Marteau, 1708.

Poëte, Marcel. *La Promenade à Paris au XVIIe siècle.* Paris: Colin, 1913.

Poisson, Raymond. *Les Faux Moscovites.* Paris: Quinet, 1669.

Pollack, Martha. *Cities at War in Early Modern Europe.* Cambridge: Cambridge University Press, 2010.

Pöllnitz, Karl Ludwig von. *The Memoirs of Charles Lewis, Baron de Pöllnitz.* 1734. 2 vols. London: D. Browne, 1737—1739.

Pont-Neuf, Le: (1578—1978). Exhibit. Musée Carnavalet, Paris. 1978.

Pradel, Abraham Du. See Blégny, Nicolas de.

Préchac, Jean de. *L'Illustre Parisienne.* Lyon: F. Amaury, 1679. Part II. 1690.

Procès-verbaux de l'Académie Royale d'Architecture: 1671—1793. Edited by Henri Lemonnier. 10 vols. Paris: Edouard Champion, 1913.

Promenade du Cours, La. Paris, 1630.

Pure, Michel de. *La Prétieuse*. Paris: Chez Pierre Lamy, 1656.

Raisonable plaintif sur la declaration du roi ..., Le. Paris: Jacques Belle, 1652.

Ranum, Orest. *The Fronde: A French Revolution, 1648—1652*. New York: Norton, 1953.

Ravaisson, François. *Archives de la Bastille: documents inédits*. 15 vols. Paris: Pedone-Lauriel, 1874.

Recueil général de toutes les chansons mazarinistes. Paris, 1649.

Registres des déliberations du bureau de la ville de Paris. Edited by P. Guérin, 12 vols. Paris: Imprimerie Nationale, 1909.

Regnard, Jean-François. *Le Joueur*. Paris: Thomas Guillain, 1697.

Relation extraordinaire concernant ... la nécessité de donner un prompt secours aux malades (10 août 1652). N.p., 1652.

Remerciement de Paris à Monseigneur le Duc d'Orléans. Paris: Denys Langlois, 1649.

Réponse du roi Louis XIII, en bronze, de la Place Royale, à son père Henry IV, de dessus le Pont Neuf. Paris: Jean Paslé, 1649.

Requête présentée au roi en son château du Louvre. Paris: N. Poulletier, 1652.

Rétif de la Bretonne, Nicolas. *Le Paysan perverti*. 2 vols. Amsterdam [Paris]: [Veuve Duchesne], 1776.

Retz, Jean François de Gondi, Cardinal de. *Mémoires*. Edited by S. Berthière. 2 vols. Paris: Garnier, 1987.

Rey, Alain. *Dictionnaire historique de la langue française*. 3 vols. Paris: Le Robert, 1992.

Richelet, Pierre. *Les Plus belles lettres françaises, sur toutes sortes de sujets tirées des meilleurs auteurs*. 2 vols. Paris: M. Brunet, 1705.

Richelieu, Armand Du Plessis, Cardinal Duc de. *Lettres, instructions diplomatiques, et papiers d'état du Cardinal Richelieu*. Edited by M. Avenel. 8 vols. Paris: Imprimerie impériale, 1853—1877.

——. *Mémoires du Cardinal de Richelieu sur le règne de Louis XIII, depuis 1610 jusqu'à 1638*. Edited by M. Petitot. Paris: Foucault, 1823.

——. *Testament politique*. Amsterdam: Henry Desbordes, 1688.

——. *Testament politique*. Edited by F. Hildesheimer. Paris: Société de l'Histoire de France, 1995.

Roche, Daniel. *People of Paris*. Translated by M. Evans and G. Lewis. Los Angeles: University of California Press, 1987.

——. "Les Pratiques de l'écrit dans les villes Françaises du XVIII siècle." In *Pratiques de lecture*. Edited by Roger Chartier. Paris: Rivages, 1985: 158—180.

Roche, Daniel, et al. *Voitures, chevaux, et attelages: Du XVIe au XIXe siècle.* Paris: Art équestre de Versailles, 2000.

Rosset, François de. *Le Romant des chevaliers de la gloire.* Paris: Pierre Berthaud, 1612.

Rubinstein, G. M. G. "Artists from the Netherlands in 17th- Century Britain: An Overview of their Landscape Works." *The Exchange of Ideas: Religion, Scholarship, and Art in Anglo-Dutch Relations in the 17th Century.* Edited by S. Groenveld and M. Wintle. Zutphen: Walburg Instituut, 1994.

Rykwert, Joseph. *The Seduction of Place: The City in the Twenty- first Century.* New York: Pantheon Books, 2000.

Sainctot, Nicolas de. Unpublished memoirs. Cited by Bernard de Montgolfier. "Trois vues de Paris." *Bulletin du Musée Carnavalet.* 11, no. 1 (June 1958): 8—15.

Saint-Germain, Jacques. *Les Financiers sous Louis XIV.* Paris: Librairie Plon, 1950.

——. *La Reynie et la police du grand siècle.* Paris: Hachette, 1962.

Saint- Simon, Louis de Rouvroy, Duc de. *Mémoires.* Edited by A. de Boislisle. 44 vols. Paris: Hachette, 1879—1930.

Satyre nouvelle sur les promenades du cours de la Reine, des Thuilleries. Paris: Florentin et Pierre Delaune, 1699.

Saugrain, Claude-Marin. *Code de la librairie et imprimerie de Paris.* Paris: Aux dépens de la Communauté, 1744.

Sauval, Henri. *Histoire et recherches des antiquités de la ville de Paris.* 4 vols. Paris: Charles Moette and Jacques Chardon, 1724.

Savary des Bruslons, Jacques. *Dictionnaire universel du commerce.* 4 vols. Paris: J. Estienne, 1723—1730.

Savoy, Louis. *Discours sur le sujet du colosse du grand roi Henry posé sur le milieu du Pont Neuf de Paris.* Paris: Nicolas de Montroeil, c. 1617.

Scarron, Paul. *Oeuvres de M. Scarron.* Paris: Guillaume de Luyne, 1654.

Scudéry, Madeleine de, and Paul Pellisson. *Chroniques du samedi suivies de pièces diverses.* Edited by A. Niderst, D. Denis, and M. Maître. Paris: Honoré Champion, 2002.

Serres, Jean de. *Inventaire général de l'histoire de France, depuis Henry IV jusques à Louis XIV.* 3 vols. Lyon: Claude La Rivière, 1652.

Sévigné, Marie de Rabutin Chantal, Marquise de. *Correspondance.* Edited by R. Duchêne. 3 vols. Paris: Gallimard, 1978.

Sewell, William H., Jr. "The Empire of Fashion and the Rise of Capitalism in 18th-Century France." *Past and Present.* No. 206 (February 2010): 81—120.

Shadwell, Thomas. *A Comedy Called The Miser*. London: Thomas Collins and John Ford, 1672.

Shoemaker, Robert. "Gendered Spaces: Patterns of Mobility and Perceptions of London's Geography, 1660—1750." In J. F. Merritt. *Imagining Early Modern London: Perceptions and Portrayals of the City from Stow to Strype, 1598—1720*. Cambridge: Cambridge University Press, 2001: 144—165.

Skippon, Sir Philip. *An Account of a Journey Through part of the Low Countries, Germany, Italy, and France*. In vol. 6 of Awnsham Churchill and John Churchill, eds. *A Collection of Voyages and Travels*. 6 vols. London: J. Walthoe, 1732.

Smith, Adam. *An Inquiry into the Nature and the Causes of the Wealth of Nations*. Edited by W. B. Todd. 2 vols. Oxford: Clarendon Press, 1976.

Soeurs rivales, histoire galante, Les. Paris: Michel Brunet, 1698.

Soll, Jacob. *The Information Master: Jean-Baptiste Colbert's Secret State Intelligence System*. Ann Arbor: University of Michigan Press, 2010.

Stegmann, André. "La Fête parisienne à la Place Royale en avril 1612." *Les Fêtes de la Renaissance*. Edited by J. Jacquot and E. Konigson. 3 vols. Paris: Études du CNRS, 1975: 3: 373—392.

Suite du catéchisme des partisans. Paris, 1649.

Summerson, John. *Georgian London*. New Haven, CT: Yale University Press, 2003.

Sutcliffe, Anthony. *Paris: An Architectural History*. New Haven, CT, and London: Yale University Press, 1996.

Szanto, Mickaël. "Les Peintres flamands à Paris dans la première moitié du XVIIe siècle." *Les Artistes étrangers à Paris: De la fin du Moyen Age aux années 1920*. Edited by M.- C. Chaudronneret. Paris: Peter Lang, 2007: 70—83.

Tabarin, Antoine Girard or Jean Salmon, known as. *Les Étrennes admirables du sieur Tabarin, présentées à Messieurs les Parisiens en cette présente année 1623*. Paris: Lucas Joufflu, 1623.

——. *Recueil général des oeuvres et fantaisies de Tabarin*. 1621. Rouen: David Geuffroy, 1627.

Tallemant des Réaux, Gédéon. *Historiettes*. Edited by Antoine Adam. 2 vols. Paris: Gallimard, 1967.

Talon, Omer. *Mémoires*. Edited by Michaud and Poujoulat. Paris: Chez l'Éditeur du commentaire analytique du code civil, 1839.

Terdiman, Richard. *Present Past: Modernity and the Memory Crisis*. Ithaca and London: Cornell University Press, 1993.

Thompson, T. Perronet. *Exercises, Political and Others*. London: E. Wilson, 1842.

Triolets sur le tombeau de la galanterie. Paris, 1649.

Triomphe royal, contenant un bref discours de ce qui s'est passé au Parc royal à Paris au mois d'avril 1612. Paris: Anthoine du Breuil, 1612.

Trout, Andrew. *City on the Seine: Paris in the Time of Richelieu and Louis XIV*. New York: St. Martin's Press, 1996.

Turcot, Laurent. "L'Émergence d'un espace plurifonctionnel: les boulevards parisiens au XVIIIe siècle." *Histoire urbaine* 1:12 (April 2005): 89—115.

——. *Le Promeneur à Paris au XVIIIe siècle*. Paris: Le Promeneur, 2007.

Turlupin, Henri Le Grand, known as Belleville or. *Harangue de Turlupin le souffreteux*. Paris, 1615.

Vaillancourt, Daniel. *Les Urbanités parisiennes au XVIIe siècle*. Québec: Les Presses de l'Université de Laval, 2009.

Vallier, Jean. *Journal de Jean Vallier, maître d'hôtel du roi*. Edited by Henri Courteault and Pierre de Vaissière. 4 vols. Paris: Librairie Renouard, 1902—1916.

Van Damme, Stéphane. *Paris, capitale philosophique: De la Fronde à la Révolution*. Paris: Odile Jacob, 2005.

Van Suchtelen, Ariane, and Arthur K. Wheelock, Jr. *Dutch Cityscapes of the Golden Age*. The Hague and Washington: Waanders Publishers, 2008.

Varennes, Claude de. *Le Voyage de France dressé pour l'instruction et la commodité des François et des étrangers*. Paris: Olivier de Varennes, 1639.

Vauban, Sébastien Le Prestre de. *Projet d'une dîme royale*. N.p., 1707.

Vaugelas, Claude Favre de. *Remarques sur la langue françoise*. Paris: Veuve Jean Camusat, 1647.

Veryard, Ellis. *An Account of Divers Choice Remarks, Taken in a Journey Through the Low Countries, France, Italy*. London: S. Smith and B. Walford, 1701.

Viau, Théophile de. *Oeuvres poétiques*. Edited by Jeanne Streicher. 2 vols. Geneva: Droz, 1951—1958.

Villeneuve, Gabrielle Barbot Gallon, dame de. *La Belle et la Bête*. 1740. Edited by E. Lemirre. Paris: Gallimard, 1996.

Villers, Philippe de Lacke, sieur de, and François de Lacke, sieur de Potshiak. *Journal d'un voyage à Paris en 1657—1658*. Edited by A. P. Faugère. Paris: Benjamin Duprat, 1862.

Vitrines d'architecture: Les Boutiques à Paris. Edited by F. Fauconnet. Paris: Éditions du Pavillon de l'Arsenal, 1997.

Vries, Jan de. *Europe an Urbanization 1500—1800*. Cambridge, MA: Harvard University Press, 1984.

Wagner, Marie-France. "L'Éblouissement de Paris: promenades urbaines et urbanité dans les comédies de Corneille." *Papers on French 17th-Century Literature* 25, no. 48 (1998): 129—144.

Walsh, Claire. "Shop Design and the Display of Goods in 18th-Century London." *Journal of Design History*. 8, no. 3 (1995): 157—176.

Wilhelm, Jacques. "La Galerie de l'Hôtel de Bretonvilliers." *Bulletin de la Société de l'Histoire de l'Art Français*. 1956: 137—150.

Williams, Raymond. "Advertising: The Magic System." *Problems in Materialism and Culture*. London: Verso, 1980: 170—195.

——. *Keywords: A Vocabulary of Culture and Society*. 1983. New York: Oxford University Press, 1985.

Wilson (or Vulson) de La Colombière, Marc. *Le Vrai théâtre d'honneur et de chevalerie*. Paris: Augustin Courbé, 1648.

Wolfe, Michael. *Walled Towns and the Shaping of France: From the Medieval to the Early Modern Era*. New York: Palgrave Macmillan, 2008.

Zanon, Antonio. *Dell'Agricoltura, dell'arti, e del commercio il quanto unite contribuiscono alla felicitá degli stati*. 4 vols. Venice: Appresso Modesto Fenzo, 1763—1764.

Ziskin, Rochelle. *The Place Vendôme*. New York: Cambridge University Press, 1999.

图片来源

3 Nicolas de Fer. Map of Paris. 1694. Detail. Private collection. Author's photo.

10 Sébastien Le Clerc. "Lifting of the Louvre's Pediment Stones." Engraving. 1677. Musée Carnavalet. Photo: Gérard Leyris.

27 Georg Braun. Map of Paris. 1572. Detail. Collection of Jack and Barbara Sosiak.

29 Bretez-Turgot. Map of Paris. 1734—1739. Detail. University of Pennsylvania. Van Pelt Library.

31 "Le Pont Neuf." Anonymous painting. c. 1665. Detail. Musée Carnavalet. Photo: Gérard Leyris.

31 Hendrick Mommers. "Le Pont Neuf." c. 1665. Detail. Musée du Louvre.

32 Hendrick Mommers. "Le Pont Neuf." c. 1665. Detail. Musée du Louvre.

35 "Le Pont Neuf vu de la Place Dauphine." Anonymous painting. c. 1635. Detail. Musée Carnavalet. Photo: Gérard Leyris.

36 Nicolas Guérard. "Le Pont Neuf: L'Embarras de Paris." Engraving. Early eighteenth century. Musée Carnavalet. Photo: Gérard Leyris.

40 Hendrick Mommers. "Le Pont Neuf." c. 1665. Detail. Musée du Louvre.

43 Henri Bonnart. "Cavalier en manteau." Engraving. c. 1685. Author's collection.

45 "Le Pont Neuf vu de la Place Dauphine." Anonymous painting. c. 1635. Detail. Musée Carnavalet. Photo: Gérard Leyris.

47 Hendrick Mommers. "Le Pont Neuf." c. 1665. Musée du Louvre.

48 "Le Pont Neuf." Fan. Mid-eighteenth century. Musée Carnavalet. Author's photo.

99 Hendrick Mommers. “Le Pont Neuf.” c. 1665. Detail. Musée du Louvre.

104 “Dialogue entre le roi de bronze et la Samaritaine.” Anonymous pamphlet. 1649. University of Pennsylvania. Van Pelt Library. Rare Books and Special Collections.

108 Nicolas de Larmessin. “L’Entrée du roi et de la reine dans la bonne ville de Paris le 26 août, 1660.” Almanach pour 1661. Private collection.

115 Georg Braun. Map of Paris. 1572. Detail. Collection of Jack and Barbara Sosiak.

120–121 Pierre Bullet and François Blondel. Map of Paris. 1676. Detail. Adolphe Alphand. *Atlas des anciens plans de Paris reproduits en facsimile.* University of Pennsylvania. Van Pelt Library.

122 Pierre Bullet and François Blondel. Map of Paris. 1676. Adolphe Alphand. *Atlas des anciens plans de Paris reproduits en facsimile.* University of Pennsylvania. Van Pelt Library.

124 Abbé Delagrive. Map of Paris. 1728. Detail. Author’s collection.

126 Abbé Delagrive. Map of Paris. 1728. Detail. Author’s collection.

128 Abbé Delagrive. Map of Paris. 1728. Detail. Author’s collection.

131 Perelle family (Nicolas, Gabriel, Adam). “View of the Tuileries Gardens as They Are Now.” Engraving. c. 1670. Private collection.

135 Nicolas Arnoult. “Noblewoman in the Tuileries.” Engraving. 1687. Author’s collection.

137 Nicolas Bonnart. “Ladies in Conversation in the Tuileries.” Engraving. c. 1690. Musée Carnavalet. Photo: Gérard Leyris.

144 “Le Pont Neuf.” Anonymous painting. c. 1665. Detail. Musée Carnavalet. Photo: Gérard Leyris.

148 Poster advertising the inauguration of the third public carriage route. Paris. Bibliothèque de l’Arsenal.

156 Nicolas Guérard fi ls. “La Sonnette a sonné, abaisse la lanterne.” Engraving. Late seventeenth century. Musée Carnavalet. Photo: Gérard Leyris.

159 Nicolas Guérard fi ls. “Voleur de nuit est pris au trebuchet quand à ses trousses il a le guet.” Engraving. Late seventeenth century. Musée Carnavalet. Photo: Gérard Leyris.

161 Frontispiece. Louis de Mailly. *Entretiens des cafés de Paris.* Trévoux: E. Ganeau. 1702. Anonymous engraving. Bibliothèque de l’histoire de la ville de Paris. Photo: Gérard Leyris.

163 Hérisset. “Lampe pour éclairer une ville.” Engraving. 1703. Private collection.

168 Nicolas Guérard fils. “Street Peddlers in Paris.” Engraving. Late seventeenth

century. Musée Carnavalet. Photo: Gérard Leyris.

168 "Le Pont Neuf." Anonymous painting. c. 1665. Detail. Musée Carnavalet. Photo: Gérard Leyris.

170 "La Galerie du Palais." Anonymous engraving. c. 1640. Musée Carnavalet. Photo: Gérard Leyris.

176 Jean Berain (drawing). Jean Le Pautre (engraving). "Habit d'hiver." *Le Mercure galant.* January 1678. Photograph by Patrick Lorette for Joan DeJean.

177 Jean Berain (drawing). Jean Le Pautre (engraving). *Le Mercure galant.* January 1678. Photograph by Patrick Lorette for Joan DeJean.

180 Alexandre Le Roux. "Le Cordonnier." Engraving. c. 1685. Musée Carnavalet. Photo: Gérard Leyris.

181 Nicolas de Larmessin. "La Coifeuse." Engraving. c. 1685. Photograph by Patrick Lorette for Joan DeJean.

182 Enseigne for Jean Magoulet. Etching and engraving. c. 1690. Waddesdon Manor, The Rothschild Collection (The National Trust). Photograph: University of Central England.

184 "Agneau couronné." Trade card for Beguet and Serire, furriers. Late seventeenth century. Author's collection.

185 Nicolas Guérard fi ls. "Puisqu'on affiche tout dans le temps où nous sommes." Engraving. Late seventeenth century. Musée Carnavalet. Photo: Gérard Leyris.

205 Jean Marot. "Hôtel La Vrillière by François Mansart." Engraving. Late seventeenth century. Musée Carnavalet. Photo: Gérard Leyris.

206 Perelle family (Nicolas, Gabriel, Adam). "La Place Louis-le-Grand." Engraving. Late seventeenth century. Private collection.

208 V. Antier. "La Place Louis-le-Grand en 1705." Gouache. Musée Carnavalet. Photo: Gérard Leyris.

209 Alexandre Le Roux. "Distribution du pain." Engraving. 1693. Private collection.

211 Henri Bonnart. "Le Financier." Engraving. 1678. Author's collection.

220 Hendrick Mommers. "Le Pont Neuf." c. 1665. Detail. Musée du Louvre.

221 "La Galerie du Palais." Anonymous engraving. c. 1640. Musée Carnavalet. Photo: Gérard Leyris.

224 Jean Dieu de Saint-Jean and Frantz Ertinger. "Homme de qualité allant incognito par la ville." Engraving. 1689. Private collection.

225 Jean Dieu de Saint-Jean and Frantz Ertinger. "Femme de qualité allant incognito

par la ville." Engraving. 1689. Musée Carnavalet. Photo: Gérard Leyris.
226 Jean Dieu de Saint-Jean. "Dame allant par la ville." Detail. Private collection.
229 Nicolas de Larmessin. "Les Amants dupés par la malice des fi lles." Engraving. c. 1685. Author's collection.
233 Henri Bonnart. "Medemoiselles Loison Walking in the Tuileries." Engraving. c. 1690. Photograph by Patrick Lorette for Joan DeJean.
242 Georg Braun. Map of Paris. 1572. Collection of Jack and Barbara Sosiak.
243 Georg Braun. Map of Paris. 1572. Detail. Collection of Jack and Barbara Sosiak.
245 "Henri IV devant Paris." Anonymous painting. c. 1600. Musée Carnavalet. Photo: Gérard Leyris.
247 Pierre Bullet and François Blondel. Map of Paris. 1676. Detail. Adolphe Alphand. *Atlas des anciens plans de Paris reproduits en facsimile.* University of Pennsylvania. Van Pelt Library.
251 "Marché à la volaille et au pain, Quai des Augustins." Fan. c. 1680. Musée Carnavalet. Author's photograph.
253 Jean Dieu de Saint- Jean. "Homme de qualité sur le théâtre de l'Opéra." Engraving. 1687. Author's collection.

彩图来源

"Henri IV devant Paris." Anonymous painting. c. 1600. Musée Carnavalet. Photo: Gérard Leyris.
"Vue cavalière de Paris avec le portrait de Pépin des Essarts." Anonymous painting. c. 1640. Detail. Musée Carnavalet. Photo: Gérard Leyris.
"Place royale en 1612." Anonymous painting. Musée Carnavalet. Photo: Gérard Leyris.
"La Place royale." Anonymous painting. 1655—1660. Musée Carnavalet. Photo: Gérard Leyris.
"Le Pont Neuf." Anonymous painting. c. 1665. Musée Carnavalet. Photo: Gérard Leyris.
Hendrick Mommers. "Le Pont Neuf." c. 1665. Musée Carnavalet.
"Marché à la volaille et au pain, Quai des Augustins." Fan. c. 1680. Musée Carnavalet. Author's photograph.
Hendrick Mommers. "Le Pont Neuf." c. 1665. Detail. Musée du Louvre.
Abraham de Verwer. "La Grande Galerie du Louvre avec le Pont Neuf et la

Cité.” c. 1640. Musée Carnavalet.

“Le Pont Neuf vu de la Place Dauphine.” Anonymous painting. c. 1635. Musée Carnavalet. Photo: Gérard Leyris.

“Le Pont Neuf.” Anonymous painting. c. 1665. Detail. Musée Carnavalet. Photo: Gérard Leyris.

“La Place Royale.” Anonymous painting. 1655—1660. Detail. Musée Carnavalet. Photo: Gérard Leyris.

“Le Pont Neuf.” Anonymous painting. c. 1665. Detail. Musée Carnavalet. Photo: Gérard Leyris.

V. Antier. “La Place Louis-le-Grand en 1705.” Gouache. Musée Carnavalet. Photo: Gérard Leyris.

“La Place Royale.” Anonymous painting. 1655—1660. Detail. Musée Carnavalet. Photo: Gérard Leyris.

Pierre-Denis Martin. “Visite de Louis XIV à l'Église de l'hôtel royal des Invalides nouvellement achevée, le 14 juillet 1701.” Musée Carnavalet.

索　引

(条目后的数字为原书页码,见本书边码。加粗数字为中文版插图页码)

图书在版编目（CIP）数据

巴黎：现代城市的发明／（美）若昂·德让（Joan DeJean）著；赵进生译．—南京：译林出版社，2017.7（2020.12重印）
书名原文：How Paris Became Paris: The Invention of the Modern City
ISBN 978-7-5447-6746-0

Ⅰ.①巴… Ⅱ.①若… ②赵… Ⅲ.①城市史－建筑史－巴黎 Ⅳ.①TU-098.156.5

中国版本图书馆 CIP 数据核字（2016）第 285667 号

巴黎：现代城市的发明 ［美国］若昂·德让／著　赵进生／译

责任编辑　陶泽慧
装帧设计　韦　枫
校　　对　梅　娟
责任印制　单　莉

原文出版　Bloomsbury, 2015
出版发行　译林出版社
地　　址　南京市湖南路 1 号 A 楼
邮　　箱　yilin@yilin.com
网　　址　www.yilin.com
市场热线　025-86633278
排　　版　南京展望文化发展有限公司
印　　刷　江苏凤凰通达印刷有限公司
开　　本　718毫米 ×1000 毫米　1/16
印　　张　20
插　　页　8
版　　次　2017 年 7 月第 1 版
印　　次　2020 年 12 月第 4 次印刷
书　　号　ISBN 978-7-5447-6746-0
定　　价　75.00 元

LA RIVIERE
Le Grand
Bouleuert
P. S. Louis
Temple